新概念阅读书坊

WANGPAIBING

QI 王

MIMIDANG'AN

秘密档案

主编◎崔钟雷

吉林美术出版社

图书在版编目（CIP）数据

王牌兵器秘密档案 / 崔钟雷主编 . —长春：吉林
美术出版社，2011. 2（2023. 6 重印）
（新概念阅读书坊）
ISBN 978-7-5386-5232-1

Ⅰ . ①王 …　Ⅱ . ①崔 …　Ⅲ . ①武器 – 世界 – 青少年读物
Ⅳ . ① E92-49

中国版本图书馆 CIP 数据核字（2011）第 015265 号

王牌兵器秘密档案

WANGPAI BINGQI MIMI DANG'AN

出 版 人	华　鹏	
策　　划	钟　雷	
主　　编	崔钟雷	
副 主 编	刘志远　张婷婷　杨　楠	
责任编辑	栾　云	
开　　本	700mm×1000mm　1/16	
印　　张	10	
字　　数	120 千字	
版　　次	2011 年 2 月第 1 版	
印　　次	2023 年 6 月第 4 次印刷	
出版发行	吉林美术出版社	
地　　址	长春市净月开发区福祉大路 5788 号	
	邮编：130118	
网　　址	www. jlmspress. com	
印　　刷	北京一鑫印务有限责任公司	
书　　号	ISBN 978-7-5386-5232-1	
定　　价	39. 80 元	

前 言

　　书，是那寒冷冬日里一缕温暖的阳光；书，是那炎热夏日里一缕凉爽的清风；书，又是那醇美的香茗，令人回味无穷；书，还是那神圣的阶梯，引领人们不断攀登知识之巅；读一本好书，犹如畅饮琼浆玉露，沁人心脾；又如倾听天籁，余音绕梁。

　　从生机盎然的动植物王国到浩瀚广阔的宇宙空间；从人类古文明的起源探究到 21 世纪科技腾飞的信息化时代，人类五千年的发展历程积淀了宝贵的文化精粹。青少年是祖国的未来与希望，也是最需要接受全面的知识培养和熏陶的群体。"新概念阅读书坊"系列丛书本着这样的理念带领你一步步踏上那求知的阶梯，打开知识宝库的大门，去领略那五彩缤纷、气象万千的知识世界。

　　本丛书吸收了前人的成果，集百家之长于一身，是真正针对中国少年儿童的阅读习惯和认知规律而编著的科普类书籍。全面的内容、科学的体例、精美的制作，上千幅精美的图片为中国少年儿童打造出一所没有围墙的校园。

编　者

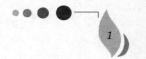

目录

战车

美国 M60 系列主战坦克/ 2

美国 M1 系列主战坦克/ 4

英国"挑战者"系列主战

　坦克/ 6

德国"虎"式主战坦克/ 8

德国"豹"2A5/"豹"2A6 主战

　坦克/ 9

俄罗斯 T – 34 中型坦克/ 10

俄罗斯 T – 62 主战坦克/ 11

俄罗斯 T – 80 主战坦克/ 12

乌克兰 T – 84 主战坦克/ 13

法国 AMX"勒克莱尔"主战

　坦克/ 14

瑞典 Strv 103 主战坦克/ 15

印度"阿琼"主战坦克/ 16

美国 M2 步兵战车/ 17

俄罗斯 BMP 系列步兵战车/ 18

英国"武士"步兵战车/ 19

意大利"标枪"步兵战车/ 20

瑞典 CV90 步兵战车/ 21

德国"鼬鼠"空降战车/ 22

战舰

美国"小鹰"级航空母舰/ 24

美国"尼米兹"级航空母舰/ 25

法国"戴高乐"级航空母舰/ 26

俄罗斯"库兹涅佐夫"号航

　空母舰/ 27

英国"无敌"航空母舰/ 29

俄罗斯"基洛夫"级巡洋舰/ 30

美国"提康德罗加"级

　巡洋舰/ 31

英国"谢菲尔德"级驱逐舰/ 32

俄罗斯"现代"级驱逐舰/ 33

美国"斯普鲁恩斯"级驱

　逐舰/ 34

日本"榛名"级驱逐舰/ 35

美国"佩里"级导弹护卫舰/ 36

法国"拉斐特"级护卫舰/ 37

英国 23 型"公爵"级护卫舰/ 38

美国"塔拉瓦"级两栖

　攻击舰/ 39

俄罗斯"基洛"级攻击潜艇/ 40

美国"洛杉矶"级核潜艇/ 41

美国"俄亥俄"级战略核

　潜艇/ 42

战机

美国"全球鹰"无人机/ 44

澳大利亚"楔尾"预警机／46

俄罗斯图－160战略轰炸机／47

美国B－2隐形轰炸机／48

俄罗斯米－10"哈克"直升机／49

俄罗斯米－28武装直升机／50

俄罗斯卡－50武装直升机／51

美国AH－64"阿帕奇"武装

　　直升机／52

美国S－70"黑鹰"直升机／53

欧洲EF2000战斗机／54

俄罗靳米格－29战斗机／55

俄罗斯苏－24"击剑手"战斗

　　轰炸机／57

俄罗斯苏－27"侧卫"重型

　　战斗机／58

俄罗斯S－37"金雕"战斗机／59

瑞典JAS－39"鹰狮"战斗机／60

美国F－15"鹰"战斗机／61

美国F－16"战隼"战斗机／62

美国F－18"大黄蜂"战斗机／63

美国F－22"猛禽"战斗机／64

美国F－117"夜鹰"战斗机／65

法国"幻影"2000战斗机／66

法国"阵风"战斗机／67

英国"鹞"式战斗机／68

手枪

美国柯尔特转轮手枪／70

美国柯尔特M1911手枪／71

美国史密斯－韦森系列转轮

　　手枪／72

美国史密斯－韦森双动转轮

　　手枪／73

美国史密斯－韦森西格玛9毫米

　　手枪／74

美国FP－45"解放者"手枪／76

美国萨维奇 M1907 型手枪/ 77

德国瓦尔特 PPK 手枪/ 78

德国 HKUSP 系列手枪/ 80

德国 HK P7 手枪/ 81

德国瓦尔特 P99 手枪/ 82

德国伯格曼 M1896 手枪/ 83

比利时 FZ 勃朗宁系列手枪/ 84

奥地利格洛克系列手枪/ 85

以色列"沙漠之鹰"手枪/ 87

意大利伯莱塔 92F 手枪/ 88

意大利的莱塔 M93R 手枪/ 89

瑞士西格 – 绍尔系列手枪/ 90

捷克 CZ75 手枪/ 91

俄罗斯纳甘特 M1895 转轮

手枪/ 92

步枪

美国 M14 式步枪/ 94

美国 M16 系列突击步枪/ 96

美国 M4 系列卡宾枪/ 97

美国巴雷特系列狙击步枪/ 98

美国雷明 M870 – 1 式 12 号霰

弹枪/ 99

俄罗斯 AK – 47 突击步枪/ 100

俄罗斯 AK – 74 突击步枪/ 101

俄罗斯 SVDS 狙击步枪/ 102

俄罗斯德拉贡诺夫 SVD 狙击

步枪/ 103

德国 STG44 突击步枪/ 104

德国 HK G3 突击步枪/ 105

德国 HK G36 突击步枪/ 106

英国恩菲尔德 L85 系列突击

　　步枪/ 107

英国 AW 系列狙击步枪/ 109

瑞士 SIG SG552 突击步枪/ 110

奥地利施泰尔 AUG 突击

　　步枪/ 111

法国 FAMAS 突击步枪/ 112

冲锋枪

美国联合防御 M42 型冲锋枪/ 114

美国柯尔特 9 毫米冲锋枪/ 115

美国卡利科 M960A 式冲锋枪/ 116

美国汤普森 M3 式冲锋枪/ 117

德国 MP 系列冲锋枪/ 118

德国 HK MP5 系列冲锋枪/ 119

德国 MP43 冲锋枪/ 120

德国 MP5K 冲锋枪/ 121

德国伯格曼 MP18 冲锋枪/ 122

德国 MP7 冲锋枪/ 123

德国瓦尔特 MPL／MPK 冲锋枪/ 124

俄罗斯 PPSh41 冲锋枪/ 125

俄罗斯 AKS – 74U 冲锋枪/ 126

俄罗斯 PP – 19"野牛"、PP – 90

　　M1 冲锋植/ 127

英国兰彻斯特冲锋枪/ 128

英国司登式冲锋枪/ 129

以色列"乌兹"冲锋枪/ 130

比利时 FN P90 冲锋枪/ 131

丹麦麦德森 9 毫米系列

　　冲锋枪/ 132

机枪

美国 M60 系列机枪/ 134

美国加特林机枪/ 135

美国约翰逊 M1941/1944 式

　轻机枪/ 136

美国 XM312 重机枪/ 137

美国 XM－214 型重机枪/ 138

美国勃朗宁 M2HB 重机枪/ 139

美国马克沁重机枪/ 140

美国 MK19 式榴弹发射器/ 141

德国 MG34 式通用机枪/ 142

德国赫克勒－科赫 HK21 式

　机枪/ 143

德国 HK MG4 轻机枪/ 144

德国 MG13 式轻机枪/ 145

俄罗斯 RPK 型轻机枪/ 146

俄罗斯 DP 轻机枪/ 147

俄罗斯 NSV 型重机枪/ 148

俄罗斯 DShK 重机枪/ 149

英国布伦式轻机枪/ 150

战车

ZHANCHE

美国 M60 系列主战坦克

美国 M60 系列主战坦克是美国陆军 20 世纪 60 年代以来主要的制式装备，共四种车型。M60A1 是 M60 的第一款改进型号，该型号提升了火炮的射击精度；M60A2 加强了主战坦克的远程火力；M60A3 则换装了大功率的发动机和被动观瞄仪，性能得到很大提高。

换代坦克

M60 坦克是在 M48A2 坦克基础上研制而成的换代主战坦克，1956 年开始研制，1959 年 3 月 M60 坦克定型，1959 年 6 月首批生产合同（180 辆）签订，由克莱斯勒公司生产。与 M48A2 坦克相比，M60 坦克主要采用新的 105 毫米火炮、改进型火控系统和柴油机等，火力得到加强，行程大为提高。该系列主战坦克包括 M60、M60A1、M60A2 和 M60A3 共 4 种车型。

英雄本色

美国 M60 主战坦克历经了多次改型，M60A1 是该坦克的第一种改进车型，底盘仍保留 M60 的样式，主要改进的是采用了尖鼻状新炮塔以减少炮塔正面表面积，后来又相继安装了火炮双向稳定器（1972 年）和潜渡设备（1977 年）等，于 1962 年开始生产并装备部队。到 1985 年 5 月，M60 系列坦克共生产一万五千多辆。

性能提高

作为 M60 的第一款改进型号，M60A1 最大的进步体现在减小炮塔表面积，提升火控系统性能，采用新式机电模拟式计算机代替原先的机械式计算机，从而提升了火炮的射击精度。此外，它还增加了火炮电液双向稳定系统和乘员被动式夜视装置，从而具有夜间作战能力，因此被人们称为被动式 M60A1 坦克。

M60A2 换装了新的炮塔和新型大口径两用炮，进一步加强了主战坦克的远程火力。1973 年 4 月装备陆军第二装甲师 59 辆，1975 年装备驻欧美 6 个营，每营 59 辆。目前该坦克已退役。

M60A3 是 M60A1 的改进型，它换装了大功率的发动机和被动观瞄仪，1978 年又安装了新的测距仪、弹道计算机、M240 高射机枪和 M239 烟幕弹发射器。

M60 系列后来的发展型坦克安装了乘员三防装置，并配备了 E37R1 型毒气过滤装置，每个乘员均配备 E56R3 型防毒面具。坦克动力舱内装有 CO_2 灭火系统。火炮防盾装甲厚度为 178 毫米，炮塔和车体正面装甲厚度均为 110 毫米。

美国 M60 系列坦克是传统的炮塔型主战坦克，由车体和炮塔两部分组成。

美国 M1 系列主战坦克

美国 M1 系列主战坦克作战性能好，属于典型的炮塔型塔克。该系列主战坦克经过不断地改进，性能也逐步得到了提升，其中 M1A1 坦克的整体防护力极强，可以同时防御动能弹和化学能弹的攻击。

1981 年 9 月，美国利马坦克厂和底特律坦克厂开始小规模生产 M1 系列坦克，到 1985 年 2 月全面结束，一共生产了 2374 辆，从此转向生产改进型 M1 坦克和换装 120 毫米滑膛炮的 M1A1 坦克。1988 年春季，美国陆军曾考虑把该系列坦克的生产总数提升到 12000 辆，以取代所有 M60 系列坦克。目前，M1 主战坦克主要用于装备美国陆军，M1 和改进型 M1 主要装备美国本土军队，而驻欧美军则装备 M1A1 坦克。

M1 系列坦克是典型的炮塔型坦克。车体前部是加强舱，中部是装甲战斗舱，后部是动力舱。驾驶员位于车体前部，配有 3 具整体式潜望镜。闭窗行驶时，驾驶员采用半仰卧的姿势驾驶坦克，夜间驾驶时可把中间的潜望镜换成 AN/VVS-2 微光夜间驾驶仪。驾驶员两侧的装甲板被用来隔离燃料箱和弹药，用以保护车组人员的安全。

旋转炮塔位于车体中央，其结构特点是低矮而坚固，几乎与车体一样宽。炮塔和车体各部分装甲厚度不均，最厚达 125 毫米，最薄为 12.5 毫米，厚度相差 10 倍。装甲钢板的厚度自下而上逐渐增厚，为 50～125 毫米。炮塔内可乘坐 3 名乘员，装填手位于火炮左侧，车长位于右侧，炮长在车长前下方。装填手舱门上安装有 1 具可旋转的潜望镜，舱口安装有一环形机枪架。

美国 M1A1 坦克的贫铀装甲

著名的贫铀装甲从 1988 年 6 月开始正式装备 M1A1 主战坦克，极大地增强了坦克的防护性能，并最先装备驻欧美军。该坦克安装贫铀装甲的部位是车体前部和炮塔，贫铀装甲位于两层钢板之间。加装这种贫铀装甲后，M1A1 坦克车重从 57154 千克增加到 58968 千克。这种新式贫铀装甲的密度是普通均质钢的 2.6 倍，经特殊生产工艺处理后，其抗拉、抗冲击强度可提高到原来的 5 倍，坦克的整体防护力因此而大为提高，能同时防御动能弹和化学能弹的攻击。

不足之处

目前 M1 坦克唯一不能满足研制大纲要求的是履带寿命，现装在 M1/M1A1 坦克上的 T156 型履带寿命是 1300 ～ 1800 千米。为了提高履带寿命，降低作战供应费用，美国已研制了新的 XT158H 型履带，目前已换装完毕。

美国 M1 系列坦克火力强大，命中率较高。

英国"挑战者"系列主战坦克

英国"挑战者"系列主战坦克适合防御作战,在当代的主战坦克中,此类坦克的防护力堪称一流。"挑战者"Ⅰ型坦克在对伊战争中表现出众,创造了辉煌的战果。

不列颠之虎

1983年首先装备英国莱茵军团的"挑战者"Ⅰ型坦克,重62吨,可容纳乘员4人。它的车体和炮塔均采用乔巴姆装甲。乔巴姆装甲被看做是二战以来在设计和防护方面取得最显著成就的装甲系统,与等重量的钢质装甲相比,该型装甲大大提高了抗破甲弹和碎甲弹的能力,但体积和重量增加不多。除采用乔巴姆复合装甲外,参加海湾战争的"挑战者"Ⅰ型还加装了反应装甲块。"挑战者"坦克的主炮沿用"酋长"坦克的120毫米线膛炮,并备有多种弹种,备弹量为64发。该坦克炮可以发射L15A4式脱壳穿甲弹、L20A1式脱壳弹、L31式碎甲弹等。辅助武器为1挺与120毫米线膛炮并列安装的7.62毫米L8A2式机枪和1挺安装在车长指挥塔上的7.62毫米L37A2式高射机枪。

战果辉煌

"挑战者"Ⅰ型坦克服役后,表现并不突出,但在海湾战争中,英国装7旅和装4旅的"挑战者"Ⅰ型坦克却表现非凡,击毁伊军十几辆主战坦克，而自身无一损伤。

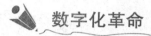

数字化革命

"挑战者" I 型换装了新型数字处理系统、瞄准系统、传感器系统和火炮控制装置。换装改进型火控系统的主要目的是缩短从捕捉目标到射击所需的反应时间，提高火炮对 3000 米固定目标和 2000 米活动目标射击的较高首发命中率。

坚固堡垒

英国坦克历来把坦克的防护性放在第一位。著名的"乔巴姆"装甲就是英国于 1976 年自行研制成功的。这种装甲由两层钢板之间夹数层陶瓷材料组成，对破甲弹的防护力是均质钢装甲的 3 倍。"挑战者" I 型坦克的炮塔和车体正面 60°的弧度内以及侧裙板都采用了"乔巴姆"装甲，铸就了"挑战者"的"金钢不坏"之身，而这也使得"挑战者"的体重达到了 62 吨。英国人骄傲地宣称，"挑战者"坦克的装甲可以对付所有反坦克武器的攻击，不仅能防御破甲弹，对付动能弹和碎甲弹也非常有效。

"挑战者"坦克的履带可以与"奇伏坦"坦克的履带互换。

德国"虎"式主战坦克

德国"虎"式主战坦克火力凶猛，威力强大。该型坦克久经杀场，威名远扬，是第二次世界大战中具有传奇色彩的武器。

猛虎出山

1941 年 5 月 26 日，希特勒下令德国亨舍尔和波尔舍公司研制重型坦克。1942 年 7 月经过样车试验，德军最终选择了亨舍尔公司的样车，并将其命名为 PzkpfwVI "虎"式重型坦克，随后开始大批量生产。该坦克装备一门威力强大的 88 毫米火炮，装有炮口制退器，可以发射多种炮弹。"虎"式坦克是二战德军的经典重型坦克，它在一系列战斗中威名远扬。1944 年 7 月，一辆属于 506 坦克大队的德军"虎"式坦克在 3900 米的距离上摧毁了一辆 T－34 坦克，由此足可见其火力之猛。而且这种坦克的正面装甲相当厚，即使正面直接被 T－34 或美制"谢尔曼"坦克击中，也不会有大碍。所以对当时盟军的坦克手产生很大压力，盟军的坦克乘员对"虎"式坦克也十分忌惮。

虎踞战场

德国"虎"式坦克威力凶猛，第二次世界大战期间，"虎"式坦克对盟军造成一定威胁。它强大的威慑力导致了英国将军蒙哥马利禁止一切报告提及"虎"式坦克的威力。

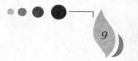
德国"豹"2A5/"豹"2A6主战坦克

德国"豹"2A5主战坦克火力强大，火控系统精良。"豹"2A6主战坦克具备良好的作战效能与实战价值，被欧洲许多国家引进。

双豹出击

"豹"2A5主战坦克于1995年正式装备德国国防军。该坦克主炮采用莱茵金属公司生产的44倍口径120毫米滑膛炮，辅助武器为一挺7.62毫米并列机枪和一挺7.62毫米高射机枪。

科技领先

"豹"2A5坦克精良的火控系统包括1个内装激光测距仪和具备视像独立稳定功能的EMES-15型炮长用潜望式组合（昼夜合一，热成像）瞄准镜。其采用55倍口径的120毫米火炮代替了2A5的44倍口径火炮，增加了火力输出。

风头正劲

长期以来，坦克的火力、防护力、机动力一直是三项既互相制约又互相促进的三大设计要素。德国"豹"2A6主战坦克在这三项坦克设计要素上，均有极为出色的设计，因此也就难怪"豹"2A6能连续坐上世界主战坦克排行榜的头把交椅了。

俄罗斯 T－34 中型坦克

俄 罗斯 T－34 中型坦克结构简单，机动性能良好。该型坦克在世界坦克发展史中占有极其重要的地位，在第二次世界大战中为苏联扭转战争局势发挥了巨大作用。

坦克先驱

在世界坦克发展史上，T－34 坦克占有举足轻重的地位。作为现代坦克的先驱，它是装备数量之多、装备国家之广、服役期限之长，在世界各国的坦克中首屈一指

俄罗斯 T－34 中型坦克的炮塔呈六角形，正面装甲厚 60 毫米，侧面 45 毫米。

的坦克。1940 年 1 月第一批 T－34 中型坦克由哈尔科夫共产国际工厂生产，其设计者为 42 岁的科什金。最早的 T－34 坦克全重 26300 千克，乘员为 4 人，最大速度 55 千米/时，机动性能出类拔萃。它的前主炮为一门 76.2 毫米加农炮，因此，也被称为 T－34/76 中型坦克。T－34 坦克作战性能方面与同类坦克相比处于领先地位。连德军的将领也得承认"俄国人拥有的 T－34 中型坦克要远远优于德军任何一种中型战斗坦克"。德军在 1943 年研制的"黑豹"坦克，在很多方面都仿制了 T－34 坦克。

苏德战场上的"王者"

T－34 中型坦克是坦克发展史上具有里程碑意义的代表之作。可以说，T－34 中型坦克才是第二次世界大战欧洲战场的"王者兵器"。

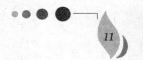
俄罗斯 T－62 主战坦克

俄罗斯 T－62 主战坦克威力惊人，该型坦克首次装备了口径达 115 毫米的滑膛炮，具有极强的威慑力，火力强大，作战性能好。

 存有遗憾

苏联为了赶超美国的 M60 坦克，夺取坦克装备技术上的优势，便在 T － 54/T － 55 坦克的基础上，研制了 T － 62 坦克，并在 1964 年把这种坦克大规模地列装部队。T－62 坦克首次装备了口径达 115 毫米的滑膛炮，并第一次在坦克炮上配用了由尾翼稳定的次口径超速脱壳穿甲弹（另有破甲弹和榴弹）。T－62 采用的 115 毫米口径火炮的杆式动能穿甲弹的穿甲能力在当时同类弹种中是最强的。

但由于受到苏联当时技术条件的限制，T－62 坦克尚不能达到设计时的全部要求。

 威力惊人

T－62 主战坦克是冷战时期两大阵营军备竞赛的产物。T－62 坦克采用的 115 毫米口径主炮，在当时主战坦克的火炮当中是空前的，具有极强的震慑力。西方社会的一些艺术家，把 T－62 坦克作为自己漫画作品中的主题，对其主炮进行夸张表现，足可见该型坦克在当时所产生的震撼效果了。

俄罗斯 T-80 主战坦克

俄 罗斯 T-80 坦克结构简单、成本低廉，其改进型有很强的机动性及较好的战场生存能力。T-80 主战坦克的火炮威力惊人，攻击地面装甲目标时命中率较高……

斯拉夫"猛虎"

在 20 世纪 60 年代末期，苏联在 T-64 的基础上大力研发 T-80 主战坦克，并于 1976 年定型、生产且装备部队。T-80 坦克共有 4 种改进

型：1. T-80，1976 年—1978 年生产。2. T-80B，1978 年开始生产，这种坦克采用了炮射导弹系统，火控系统中也有了带激光测距仪的瞄准装置。3. T-80Y 型坦克，是 20 世纪 80 年代中期生产的，发动机功率增加到 919.38 千瓦，并且加挂了爆炸式反应装甲。4. T-80U，配备新型装甲和 6TDF 柴油机，1985 年推出，1988 年开始批量生产。

动力强劲

T-80 坦克的设计基础是 T-64 坦克。它实际上是 T-64 坦克的改进型，但它的重要技术革新是它的动力系统。该型坦克是苏联首次采用燃气轮机的主战坦克，这一改进使得 T-80 拥有了很强的机动性，增加了战场生存概率。

乌克兰 T-84 主战坦克

 克兰 T-84 坦克火力较强，且有良好的防护力，该型坦克最大的特色是它突出的机动性。T-84 将苏式坦克短小精悍、西方坦克注重乘员生存能力及操作舒适性等优点很好地结合在一起。

乌克兰 T-84 主战坦克是当代世界最优秀的主战坦克之一，它集 T-64、T-80 主战坦克的优点于一身，是以 T-80 主战坦克为蓝本加以技术改进而来的，但其火力、机动性、防护力已有相当大的改进。

T-84 主战坦克的最大特征是采用焊接炮塔。炮塔正面内藏有复合材料夹层，在炮塔周围配置有爆炸反应装甲。

超强机动性

T-84 最值得称道的是它的机动性。它优异的机动性，使其可在战场上以高达 50 千米/时的速度前行，在没有准备的情况下，可涉过水深 1.8 米的河流，若使用通气筒后，涉水深度可达 5 米，是一种较为典型的水陆两栖坦克。T-84 主战坦克提高机动性能，T-84 主战坦克采用功率为 882.6 千瓦的 6 缸柴油发动机，大公路速度 65 千米/时。

另辟蹊径

当今世界主战坦克的研发方向多在火力与防护力上下功夫，如英国的"挑战者"系列就尤为突出了坦克防护力的重要性。而乌克兰 T-84 主战坦克却突出机动力的重要性，可谓是颇具特色。

法国 AMX "勒克莱尔" 主战坦克

法国 AMX "勒克莱尔" 主战坦克性能优良，拥有先进的数字化电子系统，使坦克的战场生存能力得到极大的提高。自动装填系统使得作战操作程序简化，坦克战斗力得到提升。

法兰西意志

为了纪念第二次世界大战期间率领法国装甲 2 师解放巴黎的菲利普·勒克莱尔将军，法国研制了 "勒克莱尔" 主战坦克。"勒克莱尔" 主战坦克于 1992 年 1 月研制成功并交付法国陆军。到目前为止，"勒克莱尔" 坦克及其改进型的产量已达近千辆。

性能优良

"勒克莱尔" 坦克以 SACMV8X1500 型超高增压柴油机为动力装置，它的最大功率达 1103 千瓦。这种坦克的最大公路时速高达 72 千米/时，最大公路行程为 550 千米。

数字化战车

AMX "勒克莱尔" 主战坦克最先进的部分是它的数字化电子系统。此系统不但可以告知坦克乘员本车现在所处位置，还能够侦察敌军的方位。

瑞典 Strv 103 主战坦克

在 世界坦克大家族中，有一种个头最矮的坦克，这种坦克于 20 世纪 50 年代生产，它就是瑞典的 Strv103 坦克。瑞典政府将这种坦克雪藏了 30 年，直到 1992 年这种 1957 年就已经发明的坦克才公开面世。

Strv103 坦克是世界上现役主战坦克中最有特点的一款坦克。该型坦克从 1966 年到现在一直在瑞典陆军中服役。Strr103 坦克的最大特点是没有炮塔，火炮固定安装在战车前部的装甲上，火炮的瞄准射击是通过履带的转向和车体的上下俯仰来实现的。这使得 Strv103 坦克在射击时，始终以防护最强的前装甲面对敌方火力，极大地增强了防护性。

 ## 特色设计

取消炮塔可以说是瑞典人做出的因地制宜符合本国地形的决定。瑞典是一个多沼泽和冰雪地面的国家，这要求坦克有很高的机动性，所以坦克的战斗全重越轻越好。

 ## 瑞典力量

Strv103 坦克是世界上最后一种无炮塔坦克。它的车体和火炮为刚性连接，由车体的转动和液气悬挂系统的调整来控制火炮的方向。

瑞典 Strv103 是世界上第一种使用燃气轮机的坦克，采用了由柴油机和燃气机组成的复合动力装置。

印度"阿琼"主战坦克

印度"阿琼"是印度教神话中战神的名字。"阿琼"坦克设计精密，技术先进，具有高超的首次打击能力和在恶劣作战条件下生存的能力，特别是在印度边境复杂的地形环境中具有"超强"的作战能力。

有喜有忧

该坦克的整体设计思路接近"豹2"坦克，采用平直装甲，外形方正。坦克乘员4人，主炮是一门120毫米的线膛炮，可用弹种主要为尾翼稳定脱壳穿甲弹和碎甲弹。"阿琼"坦克的机动性较为出色，最大时速为72千米。"阿琼"坦克炮弹初速高，动能大，穿甲能力强；首发命中率和机动性强，对运动目标的反应与捕捉能力较好；具有昼夜全天候捕捉目标和精确命中目标的能力。

战斗系统

主炮装备有120毫米高膛压线膛炮，但采用人工装填，故该坦克持续作战能力较差。另有与主炮并列的7.62毫米机枪和炮塔上的12.7毫米机枪，后者可以在炮塔内遥控射击。

炮长拥有的热成像瞄准镜有3个放大倍率，夜间视距可达3000米，已超越海湾战争中美国的M1A1坦克，达到了西方的先进水平。瞄准镜还配有微光电视，提高了夜间观察、监视和射击能力。

美国 M2 步兵战车

美国 M2 步兵战车车体为铝合金装甲焊接结构，配备有各式先进武器，具有超强火力，有多种变型车。M2 步兵战车在海湾战争中为美军的主战坦克在目标识别上提供了巨大帮助。

步兵神腿

M2 步兵战车于 1983 年正式装备部队，共生产了约 4000 辆，车体为铝合金焊接结构，双人炮塔上安装有 1 门链式炮、1 具导弹发射器和 1 挺并列机枪。该型火炮采用双向供弹方式，可以单发或以 100 发/分、200 发/分的射速射击。炮手配备昼夜合一瞄准镜及夜视用红外热成像装置。

超强火力

M2 的机关炮虽然只有 25 毫米口径，但能发射具有贫铀弹芯的 25 毫米穿甲弹。这种穿甲弹在集中发射时，能够将苏联 T55 主战坦克的侧装甲击穿。此外，M2 还拥有车载"陶"式反坦克导弹，可以在 3750 米的有效射程内打击敌方装甲力量。

密切配合

在现代战争中，步兵战车的主要作战任务是协助主战坦克进行配合作战。M2 步兵战车有着优秀的远程目标识别能力，在海湾战争中为美军的主战坦克提供了伊军大量的远程目标方位，从而大大加快了战争进程。

俄罗斯 BMP 系列步兵战车

俄罗斯 BMP 系列步兵战车功能全面，威力强大，设施先进。BMP 系列步兵战车以 BMP－1 步兵战车为基型车。BMP－1 步兵战车是世界上最早装备部队的履带式步兵战车。

功能全面

1966 年，苏联和华约各国以及朝鲜、古巴等二十多个国家装备了 BMP－1 步兵战车，共生产了约 24000 辆。该车能在行进中浮渡江河，迅速通过放射性污染地区，扩大核突击效果，这种战车引起了各国的关注。BMP 步兵战车为钢装甲全焊接结构，动力传动前置，以水冷式柴油机为主要动力，采用机械式变速箱。它的主要武器除火炮外，还携带 4 枚"萨格"反坦克导弹。

设施先进

除了强大的火力性能之外，BMP－3 步兵战车在内部构件与火控系统上都精益求精。目前，新改进的 BMP－3 型步兵战车已配备功率强大的 UTD－32 发动机，并拥有强制冷却系统、新型反应装甲与"阿罗妇"主动防御系统等。这些先进的设备使得 BMP－3 步兵战车如虎添翼，增强了可靠性与可维护性。

英国"武士"步兵战车

英国"武士"步兵战车是经过海湾战争和伊拉克战争两次实战考验的装甲战斗车辆。为了不影响防护性,"武士"步兵战车上取消了射击孔,"武士"的另一个特点是没有安装反坦克导弹发射器。

武士雄风

"武士"步兵战车于1986年1月开始批量生产。该步兵战车主要装备英军野战部队和装甲机械部队,可协同坦克作战,输送步兵,并支援步兵。在车体结构上,"武士"采用铝合金焊接,炮塔为动力驱动或手动操纵。该

英国"武士"步兵战车。

车越野机动能力强,防护性能出色。该车最大行程为500千米,公路最大速度为75千米/时。

运兵利器

"武士"步兵战车主要武器是1门30毫米"拉登"机关炮,最大射程为4千米,有效射程为1千米。"武士"战车在实战中可用来攻击敌方的步兵战车和轻型装甲车辆,排除地雷等前进障碍,但若攻击敌方坦克则显得威力不足。"武士"的辅助武器是1挺7.62毫米机枪,安装在炮塔右侧。在炮塔两侧还各有烟幕弹发射器1组,每组4具。

意大利"标枪"步兵战车

近年来，意大利的装甲战车发展渐有起色，已经形成装备系列。"标枪"步兵战车能够为作战班组提供良好的防护，战场应变能力极强，且极具威慑力。

意大利"标枪"步兵战车是奥托·梅莱拉和依维柯·菲亚特公司合作研制的多功能履带式步兵战车。该型车是在 VCC－80 步兵战车的基础上改进而成的，意大利陆军于 2002 年接收了第一辆"标枪"步兵战车。"标枪"是一种协同主战坦克作战的步兵战车，能够为作战班组提供良好的防护，确保部队快速部署并进行火力支援。

设计合理

"标枪"步兵战车的驾驶舱设计得非常舒适，极大地缓解了驾驶员的疲劳。此外，该战车在开窗驾驶时，驾驶员左右两侧毫无遮挡，视野开阔，极大地增强了其战场应变能力。

"标枪"步兵战车的火力也相当凶猛，堪与美国的 M2 步兵战车的火力相比。它所装备的 25 毫米机关炮的密集火力能够有效压制敌人的反击，而它装备的"陶"式反坦克导弹对敌方的火力点也是极具威慑力的。

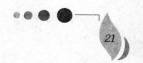
瑞典 CV90 步兵战车

在 1978 年瑞典决定研制一种供 2000 年军方使用的 CV90 战车，并在此基础上发展自行高炮、装甲人员输送车、装甲指挥车、装甲观察指挥车、自行迫击炮和装甲抢救车等 6 种变型车，形成 CV90 履带式装甲战车族。

 北欧利刃

CV90 步兵战车一经问世，就以它超群的战术机动性而轰动一时，这一特点也是由瑞典寒冷、多雪的自然环境所决定的。CV90 步兵战车的战斗全重不到 22 吨，发动机功率为 368 千瓦，最快速度为 70 千米/时，完全能够适应瑞典北部严寒、多冰雪和沼泽地带的作战要求。

火力迅猛

CV90 步兵战车所装备的 70 倍口径的 40 毫米机关炮，在步兵战车机关炮里堪称强大，当遭遇敌方主战坦克时，这门机关炮能够发射穿甲弹来打击坦克侧面薄弱的装甲，而对付普通装甲车辆或步兵时，又可发射高爆弹来杀伤敌人。

德国"鼬鼠"空降战车

德国"鼬鼠"空降战车可谓是"钢铁小精灵"。1985 年，"鼬鼠"空降战车定型，军方与波尔舍公司签订了供货合同。小巧玲珑的"鼬鼠"战车多次在各种武器装备展览会上亮相，令参观者驻足。

"鼬鼠"出洞

"鼬鼠"空降战车是波尔舍公司为满足德国空降兵部队的要求而进行研制的。1990 年 8 月，首批"鼬鼠"空降战车在军队服役。为满足空降需要，该车战斗全重仅有2750 千克，是目前世界上现役装备中重量最轻的空降型装甲战车。该战车为履带式，因安装的武器不同而分为机关炮型和导弹型。机关炮型战车乘员为两人，主要武器是 1 门 20 毫米机关炮，弹药基数400 发，主要任务是对付轻型装甲目标和软目标。导弹型战车乘员为3 人，主要武器是"陶"式反坦克导弹系统，导弹基数为 7 枚，导弹射程为 65～3000 米，主要任务是对付重型装甲目标。

轻灵机动

"鼬鼠"轻巧灵活的车身设计使该车拥有了一般战车无法企及的高度机动性能。"鼬鼠"步兵战车即使在泥泞的路面上也能高速行驶，从而保障了空降部队的快速机降与快速机动作战的"双快"战术构想得以实现。

战 舰

ZHANJIAN

美国"小鹰"级航空母舰

美国"小鹰"号航母是美国海军最后一级常规动力航空母舰——小鹰级的首舰。它是在福莱斯特级常规动力航母的基础上发展而来,"小鹰"级航母在总体设计上沿袭了福莱斯特航母的设计特点。该舰现已退役封存。

"小鹰"级航空母舰首舰于1961年4月开始服役。美国海军打算在未来10年内将"小鹰"级航母全部淘汰,而届时将全部由被称为海上霸主的"尼米兹"级核动力航母来取代它的位置。

电子和运输

"小鹰"级航空母舰具有完善的电子设施,舰上共配有各种雷达发射机约80部、接收机150部、雷达天线近70部,还有上百部无线电台,同时具有20000千瓦的发电能力。此外,"小鹰"级航空母舰可贮备7800吨舰用燃油、600吨航空燃油和1800吨航空武器弹药,具备1个星期持续作战能力。

海上堡垒

"小鹰"级航空母舰采用了封闭式加强飞行甲板,舰体从舰底至飞行甲板形成整体的箱形结构。飞行甲板以下分为10层,以上分为7层,全舰内部舱室共1501个。

美国"尼米兹"级航空母舰

美国"尼米兹"级航空母舰是美国第二代核动力航空母舰，同时也是当今世界上最大的航母。它的 7 种不同用途的舰载飞机可以支援陆地作战，保护海上舰队，对敌方构成致命的威胁。

被誉为"海上霸王"的"尼米兹"级航空母舰是美国海军第二代核动力航空母舰，它是世界上排水量最大、舰载机最多、现代化程度最高、作战能力最强的航空母舰。

战斗的"城市"

"尼米兹"级航母硕大无比，其舰上正常人员编制为 5984 人、床铺 6410 个、办公桌 544 张、书架 924 个、照明灯 29814 盏。此外，舰上还有邮局、电台、电影院、医院等各种生活设施，被称为战斗的"海上城市"。

"尼米兹"级航空母舰是目前世界上吨位最大、在役数量最多的一级核动力航空母舰。

"永恒"的生命

"尼米兹"级航母从船底到机库都是双船体结构，可以减少鱼雷和导弹的威胁。它的防护系统极为坚固，舰体两舷的水厂部分都设有能承受 300 千克炸药爆炸的防鱼雷舱，舰内则设有 23 道水密横隔舱和 10 道防火舱，弹药库和机库都设有 635 毫米的"凯夫拉"装甲，其严密的防护能力，使它拥有近乎"永恒"的生命。

法国"戴高乐"级航空母舰

冷战结束后，局部战争与地区威胁加剧，法国海军逐渐将常规打击作为国家战略的主导，而发展核动力航母正是实施有力打击的最好手段，因此"戴高乐"级航空母舰应运而生，成为法国航母舰队的主力。

"总统号"的出世

1980 年，法国海军正式提出了代号为 PA - 88 的航母建造计划，以取代舰体老化、设备较为陈旧的"克莱蒙梭"级航空母舰。在接下来的 4 年中，法国海军通过技术论证，最终确定新型航母为核动力、中型、搭载固定翼飞机的新型航母。

"戴高乐"级航母的机库位于主甲板上，它是航母的重要部位，在航母的使用过程中发挥了重要作用。

更简化的弹射

由于"戴高乐"级航母的载机数量只有美国"尼米兹"级航空母舰的一半，因此该航母在轴向甲板和斜角甲板上安装了两部美国的 C－13 型蒸汽弹射器，最大弹射距离为 99 米，足以将法国海军所有现役飞机送上蓝天。由于 C－13 型蒸汽弹射器可以每隔 20 秒运送一架飞机上天，航母上的 40 架作战飞机可以在极短的时间内飞离母舰。"戴高乐"级航母的标准载机方案是 30～33 架"阵风"M 型战斗机、3 架 E－2C"鹰眼"预警机、4～6 架"黑豹"反潜直升机。

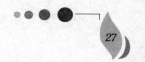
俄罗斯"库兹涅佐夫"号航空母舰

俄罗斯"库兹涅佐夫"号航空母舰是迄今为止俄罗斯海军唯一一艘在役航空母舰，它又被人们称为是俄罗斯海军航母的"独子"。虽然该航母也存在种种弊端，但其威慑力却不容小觑。

1983 年 2 月 22 日，苏联在尼古拉耶夫船厂开工建造第一艘大型航空母舰，该舰又被称为 1143.5 级。"库兹涅佐夫"号航母于 1985 年 12 月 5 日下水，1991 年 1 月 21 日正式服役。有意思的是，该舰在建造中先后有

过几个名字，"苏联"号、"克里姆林宫"号、"勃列日涅夫"号和"第比利斯"号，由于政治风云的变幻，该舰最后被定名为"库兹涅佐夫"号。

火力强大

"库兹涅佐夫"号航空母舰装载了强大的防空火力。主力为 4 座 SA－N－9 垂直发射防空导弹，每座有 6 个发射单元，每个单元备弹 8 枚，总共备弹 192 枚，射程 15 千米；另有 8 座 CADS－N－1"嘎什坦"弹炮合一近防系统，系统配置为 2 座 30 毫米 6 管炮和 8 枚 SA－N－11 近程导弹，火炮射程 2500 米，导弹射程 8000 米；此外还有 AK－630 型 6 管 30 毫米炮 4 座，射程 2500 米，发射效率为 3000 发/分。

装备精良

　　作为反潜武器，该舰在舰尾两舷处各布置了 1 座 RBU – 12000 十联装火箭深弹发射器，射程 12000 米。其电子设备有：1 部 "天空哨" 相控阵雷达，1 部 MR – 710 "顶板" 三座标对空/对海雷达；2 部 MR – 320M "双支撑" 对海雷达；4 部 MR – 360 "十字剑" 火控雷达，用于 SA – N – 9；8 部 3P37 "热闪" 火控雷达，用于 SA – N – 11；1 部 "蛋糕台" 战术空中导航雷达。电子对抗设备为 "酒桶" 和 "钟" 系列，另有 2 部 PK – 2 和 10 部 PK – 10 干扰箔条发射器。"库" 舰的与众不同之处在于它是一个奇妙的 "混合物"：它既有舰队型航母特有的斜直两段甲板，又有轻型航母通用的 12° 上翘角滑跃式起飞甲板；没有装备弹射器，却可以起降重型固定翼战斗机。这其中的奥妙就在于它将英国首创的 "滑跃式" 起飞方式与自身气动性能优异的苏 – 27 战斗机相结合，在牺牲飞机作战性能的情况下，终于拥有了自己的 "大型航空母舰"，但俄罗斯海军仍自称为 "载机巡洋舰"。"库兹涅佐夫" 号航空母舰的服役使世界海军中首次出现了滑跃起飞、拦阻降落这一新颖的航母起降方式。通常情况下，其载机方案为：20 架苏 – 33 战斗机，15 架卡 – 27 反潜直升机，4 架苏 – 251UGT、教练机和 2 架卡 – 29RLD 预警直升机。

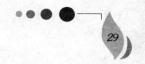

英国"无敌"航空母舰

国是航空母舰的发祥地，而皇家海军开发的"无敌"级航母为英国海军增添了神威。"无敌"级航空母舰的服役为英国海上作战提供了有力保证。

"无敌"级航空母舰于 1962 年开始着手设计，首舰于 1973 年开工建造，现役 3 艘。1982 年英国、阿根廷马岛海战期间，首舰"无敌"号发挥了不可忽视的作用。它是世界上第一艘采用滑橇式甲板起飞的航母。该舰可载 20 架各类飞机，另有导弹、火炮及电子战武器。"无敌"级航空母舰是英国海军装备的一种轻型航母，是现代轻型航空母舰的典范。

"无敌"战士的出世

英国是航空母舰的发祥地，20 世纪 60 年代的英国曾拥有 6 艘大型航母。由于战后英国国力日渐衰弱，再也无力建造像美国那样的大型核动力航母，但相信航母作战实力的英国海军又不想放弃航母，无奈之下只好用所谓的"全通甲板巡洋舰"来代替传统的舰队型航母，这就是后来的"无敌"级轻型航母。

老瓶新酒

仅从外表看，"无敌"级保留了二战时英国航母的所有特征，而二战后最新发展的航母技术并没有被"无敌"级所用。原因很简单，英国人在"无敌"级身上运用了滑跃式甲板、电子升降平台、燃气轮机等更适合轻型航母的新技术。

俄罗斯"基洛夫"级巡洋舰

俄罗斯"基洛夫"级巡洋舰是一艘巨大的核动力舰艇，是第二次世界大战结束后建造的最大的巡洋舰。该舰又被称为"海上武库"，有着极强的舰队防空、反潜能力。

1980 年 5 月，"基洛夫"级核动力巡洋舰——"基洛夫"号亮相波罗的海，它是苏联海军第一艘采用核动力的巡洋舰。

航母克星

"基洛夫"级巡洋舰与敌方航母相遇后，可以按照苏联海军制定的饱和攻击作战原则，在一分钟内将自己装备的 20 枚 SS－N－19 型超音速反舰导弹全部射出。

巡洋舰巨无霸

"基洛夫"级巡洋舰的满载排水量达到了 2.43 万吨，几乎是美国"提康德罗加"级巡洋舰的 2.5 倍，是目前为止吨位最大的巡洋舰。

武器装备

"基洛夫"级巡洋舰装备有 12 管 RBU－6000 火箭式深弹发射装置、SS－N－14 反潜导弹发射装置、SA－N－6 舰空导弹垂直发射装置、SS－N－19 反舰导弹垂直发射装置、SA－N－4 防空导弹发射装置、6 管 RBU－1000 深弹发射装置和全自动炮等。

美国"提康德罗加"级巡洋舰

美 国"提康德罗加"级巡洋舰是当今美国海军最具效能的巡洋舰之一，它装备了先进的"宙斯盾"防空系统，可为航舰战斗群提供有效的防空及反舰导弹能力，是美国海军有力的海上武器装备。

"提康德罗加"级导弹巡洋舰是美国海军在舰空母舰之外最有战斗力的海战武器之一。作为美国海军中最早安装"宙斯盾"防空系统和"战斧"巡航导弹的军舰，"提康德罗加"级具备了高效的防空性能和强大的对地攻击能力，成为一种战略性的武器平台。

"宙斯"之盾

"提康德罗加"级最大的特点就是安装了"宙斯盾"防空作战系统。这套"全自动指挥与武器自动控制系统"由最先进的阵控雷达和计算机设备组成，可在开机后的 18 秒内对 400 个目标进行搜索，跟踪其中 100 个目标，并指挥 12 ~ 16 枚导弹攻击敌人，是当之无愧的神之盾牌。

防空性能

"提康德罗加"是目前世界上防空性能最为卓越的战舰，舰上装有射程达 73 千米的"标准"舰空导弹。另外，"提康德罗加"级采用了更快捷的垂填发射系统，平均 1 秒钟可以发射 1 发导弹。

精确的炮击

在反舰方面，"提康德罗加"级按照美国大中型舰船的标准配置装有 2 座四联装的"鱼叉"反舰导弹。此外，舰上 2 座 MK45 型 127 毫米舰炮也具有强大的反舰火力。

英国"谢菲尔德"级驱逐舰

在1966 年英国海军正式发布了设计新一代驱逐舰的需求，将该舰用于特混编队的区域防空，同时要求其具有反潜和对海作战能力，在作为特混编队成员的同时又可独立作战，"谢菲尔德"级驱逐舰就是在这一背景下应运而生的。

应运而生

"谢菲尔德"级驱逐舰为高干舷平甲板型的双桨双舵全燃动力装置驱逐舰。它的线型船体是按在静水和风浪中具有最佳的巡航速度和最高航速而设计的。主船体由主横隔壁划分为 18 个水密舱段，舰内设二层连续甲板，主横隔壁至 2 号甲板为水密结构。

42 型舰的通信系统由 ICS 综合通信系统组成。第一批舰装备的是 ICS – 2A 综合通信系统；第三批舰装备的是 ICS – 3 综合通信系统。

装备武器

"谢菲尔德"级驱逐舰装备有 1 座 MK – 8 型单管 114 毫米主炮、

1 座两联装"海标枪"中程舰空导弹发射装置、2 门"厄利孔"20 毫米单管炮、2 座 MK – 32 型 3 联装 324 毫米鱼雷发射管，这些武器共同承担着反舰、反潜、防空和对陆的作战任务。

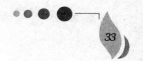

俄罗斯"现代"级驱逐舰

俄 罗斯"现代"级驱逐舰诞生于美国与苏联冷战的高峰时期。该舰属于俄罗斯海军第三代驱逐舰，其主要职责是反舰攻击，与"勇敢"级共同组成水面舰艇编队，在两栖作战中实施有效的火力支援、保卫海上交通线。

"现代"级导弹驱逐舰使命是攻击敌航母编队和其他大中型水面舰艇，在两栖作战中实施火力支援、保卫海上交通线和破坏敌军远洋补给等。

海洋幽灵

"现代"级驱逐舰采用了低噪音五叶螺旋桨。为了减少雷达截面积，该级舰除了上层建筑壁采用内倾方法建造外，还在舰体上涂敷了数毫米的吸波材料，减少被敌方雷达识别的概率。

斯拉夫利刃

"现代"级驱逐舰装有2座四联装"白蛉"超音速反舰导弹，有效射程达到120千米，可在海面20米的高度以美国"鱼叉"反舰导弹3倍的速度超低空飞行，只要一枚命中就可以让一艘8000吨级的大型战舰彻底丧失战斗力。

美国"斯普鲁恩斯"级驱逐舰

美国"斯普鲁恩斯"级驱逐舰是美国海军于 20 世纪 70 年代建造的大型导弹驱逐舰。该舰主要用于为航空母舰特混舰队和海上运输船队护航，并在两栖战和登陆作战中实施火力支援，完成对敌水面舰艇和潜艇监视、警戒、跟踪等任务。

美国海军于 20 世纪 70 年代至 80 年代初陆续建成的"斯普鲁恩斯"级大型导弹驱逐舰，一度成为美国海军中的主力驱逐舰。改装后的舰型加装了先进的武器装备和垂直发射系统，

使之成为一级反潜、反舰、对地和防空能力都很强的驱逐舰。

稳定性强

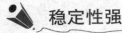

"斯普鲁恩斯"级导弹驱逐舰具有非常好的稳定性，能经受 51 米/秒的横风；在横倾小于 10°的 30 节航速下仍可以回转；在一舱中弹破损情况下仍可经受 13.9 米/秒的狂风。

主要武器

2 座四联装"鱼叉"舰舰导弹发射架；1 座八联装 MK－29 型导弹发射架；MK－41 垂直导弹发射系统（备有 61 枚"战斧"巡航导弹和"阿斯洛克"反潜导弹）；2 座三联装 MK－32 鱼雷发射管；2 门 MK－45 型 127 毫米火炮。

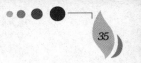

日本"榛名"级驱逐舰

日本"榛名"级驱逐舰是以日本本州岛中北部地区的一座高山的名字命名的。它的服役为日本的海军编队注入了新生力量，同时为日本海军开启了崭新的征程……

"榛名"级驱逐舰是日本的第一种大型反潜驱逐舰，它的服役使日本成为世界上最早装备直升机驱逐舰的国家。日本海上自卫队也以"榛名"级驱逐舰为核心组建了著名的"八八舰队"。

一切为了反潜

"榛名"级舰上可以搭载 3 架 10 吨级的大型直升机。为了加载反潜机，"榛名"级将舰炮和导弹发射装置安排到了舰体前部。为了反潜，"榛名"级装有从加拿大引进的"捕熊阱"拉降装置，保证直升机在船体摇晃 20° 的情况下可安全起降。

"榛名"级舰上最主要的反潜武器是舰载的 SH－60J"海鹰"反潜直升机。该机可携带反潜鱼雷等多种反潜武器，续航时间可以达到 4 小时 12 分，可对 50 海里范围内的潜艇进行连续攻击。

"鬼刀"雄风

"榛名"级首舰"榛名"号一直是日本自卫队护卫编队的旗舰。舰上设有专门的舰队指挥系统，可与日本海上自卫队的 P－3C 反潜巡逻机、航空自卫队的 E－2C 预警机以及其他护卫舰艇联系，以加强协同作战和控制指挥。

美国"佩里"级导弹护卫舰

美国"佩里"级导弹护卫舰是冷战时期的代表产物，该舰主要作为远洋两栖编队、补给编队以及护航运输船队中的反潜平台使用，是美国海军在役的唯一一级护卫舰。

"佩里"级护卫舰是美国海军通用型导弹护卫舰，可以完成防空、反潜、护航和打击水面目标等任务。它是世界最先进的导弹护卫舰之一，因其价格适中而得以大批量建造。

海上"圣骑士"

"佩里"级舰上武器配置较齐全，舰上设有 1 座 MK – 13/4 型标准鱼叉导弹两用发射架、1 门奥托·梅莱拉 76 毫米火炮、1 座 MK – 15 密集阵近程武器系统、2 座三联装 MX – 32 鱼雷发射管，以及 2 架反潜直升机。

维修师的宠儿

"佩里"级舰在设计过程中充分考虑到舰上维修方便的需要，对于需要修理的设备采取舰外供应、整机更换、舰外修理等方式，力求使舰上设备组件化。

出师不利

1984 年 5 月 14 日，美国海军的"佩里"级"斯塔克"号导弹护卫舰在波斯湾执行油轮护航任务中，被伊拉克空军"幻影"F1 型战机发射的两枚"飞鱼"空舰导弹击中，舰体受到严重损坏，更造成 37 人死亡。令人不解的是伊导弹的攻击是在美军的监视下发生的。

法国"拉斐特"级护卫舰

在当今世界现役的战舰中，外形最漂亮的当数法国"拉斐特"级护卫舰。具有艺术天赋的法国设计者以优美的造型、流畅的线条打造了这艘真正意义上的隐身战舰。它的诞生为战舰隐身化的发展奠定了坚实的基础。

"拉斐特"级护卫舰建造于20世纪90年代，该舰是世界上第一种在外形、红外线、水声等多个方面都采用了隐身设计的军用舰船。"拉斐特"级不但开创了战舰隐身化设计的先河，也充分展现出了法国卓越的造船技能。

法兰西艺术品

需要指出的是"拉斐特"级舰上没有林立的烟囱和眼花缭乱的雷达天线，除必须暴露的武器装备和电子设备外，舰上所有的设备一律采取隐蔽安装。

笑傲蓝海

"拉斐特"级护卫舰最初被设计为一种多功能护卫舰，"拉斐特"在具备一定的反潜和反舰能力的基础上，更加突出了防空能力。目前"拉斐特"级舰上安装有1座8联装的"海响尾蛇"CN2防空导弹发射装置和2门20毫米的防空舰炮。

英国 23 型
"公爵"级护卫舰

英国"公爵"级护卫舰是英国皇家海军现役舰艇中数量最多的水面战舰。该舰装备了强大的武器系统，同时具有防空、对舰等立体攻防能力，其反潜能力尤为突出。它的问世，为英国海上力量增添了全新的动力。

23 型"公爵"级护卫舰建造于 20 世纪 80 年代，是英国海军在 20 世纪 90 年代末到 21 世纪初的主要水面作战舰艇，它承担了英国海军的大部分水面战斗任务。

无声"公爵"

23 型护卫舰的主要战斗任务是反潜作战，为了达到最佳的攻击效果，该舰采取了大量降低噪音的措施，而且其雷达反射面积仅为 42 型驱逐舰的 20%。

防御为主

23 型护卫舰上的消防区域设置为 5 个，并且将舰上材料一律改为耐高温的钢材，对指挥室、弹药库等重点区域加装了多层防护。

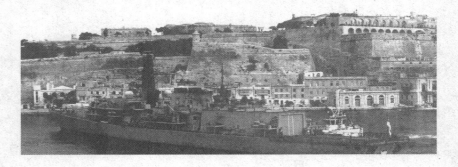

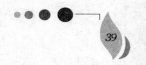

美国"塔拉瓦"级两栖攻击舰

美国海军的"塔拉瓦"军舰是一种具有攻击、运输和登陆指挥作战等综合性能的两栖作战攻击舰，它是为满足美海军舰船"均衡装载"的需要而设计研制的。该舰的诞生使美国海军的登陆作战能力有了稳步的提升。

"塔拉瓦"级是世界上最大的综合性两栖舰。它是根据登陆作战中的"垂直包围理论"发展而来的新型登陆舰艇。它兼有直升机攻击舰、两栖船坞运输舰、登陆物资运输舰和两栖指挥舰等功能，可在任何战

区快速运送登陆部队登陆，或作为攻击舰实施攻击，还可作为两栖指挥舰指挥陆、海、空三军协同作战。该舰建造于 20 世纪 70 年代。

 一专多能

由于这种舰体体现了"均衡装载"的设计概念，一艘"塔拉瓦"号能完成 3 ~ 4 艘一般登陆运输舰承担的任务，在登陆作战区域，这种舰还可作为医用船、支援船和水面维修船使用。

 五角大楼的利器

由于这种舰将登陆兵及其装备按比例装在一艘舰上，故可避免因一艘专用运输舰被击沉而丧失登陆部队的作战能力。

俄罗斯"基洛"级攻击潜艇

俄罗斯"基洛"级以火力强大、噪音小而闻名世界。"基洛"级攻击潜艇外形设计独特，呈水滴形外观，双壳体结构，并采用良好的隔音材料，西方人曾称该舰艇为海洋中的"黑洞"。

"基洛"级又称"K"级，首艇于1981年服役。"基洛"级的水声设备以及武器装备系统等方面都足以和西方同类潜艇相媲美。"基洛"级原型编号为877型，发展型有636型和636M型。

 ## 深海噩梦

"基洛"级潜艇采用光滑水滴形线型艇体，经过精密计算设计出了该艇的最佳降噪形态。潜艇外壳嵌满了塑胶消音瓦，不但能吸收本身所产生的噪音，还可以减少对方主动声呐的声波反射。

"基洛"级是世界上最早采用消声瓦技术的潜艇之一，"基洛"级成为大洋中的"黑洞"，也因此成为北约军方难以逾越的深海噩梦。

 ## "海上屠夫"

"基洛"级主要作战用途为反潜和反水面舰艇，也可执行一般性侦察和巡逻任务。该型潜艇被认为是世界上最安静的一种柴油机动力潜艇。"基洛"级潜艇发现敌方潜艇的距离是敌方发现该级潜艇的3~4倍。"基洛"级被誉为"海上屠夫"。

美国 "洛杉矶" 级核潜艇

美国 "洛杉矶" 级是美国海军第五代攻击核潜艇，同时也是世界上建造批量最大的一级核潜艇，具备优良的综合性能，可承担反潜、反舰、对陆攻击等重要任务。

自从 1955 年美国海军拥有第一艘核潜艇以来，美国海军就一直想方设法要在核潜艇质量上超过苏联海军，在这种思想的指导下，美国海军在 20 世纪 70 年代开始建造 "洛杉矶" 级核动力攻击潜艇。"洛杉矶" 级是美国海军第五代攻击核潜艇，共建造 62 艘，是当今美国海军潜艇部队的中坚力量，也

美国海军在 20 世纪 60 年代末拟定了一项可执行反潜作战的高速攻击潜艇计划，其最终产物，即 "洛杉矶" 级攻击核潜艇。

是世界上建造最多的一级核潜艇。"洛杉矶'，级是一种多功能、多用途的潜艇，它可以执行包括反潜、反舰、为航空母舰特混舰队护航、巡逻和对陆上目标进行袭击等多种作战任务。

鳄鱼之齿

目前，美海军水面舰艇常用兵器为 MK114 "阿斯洛克" 反潜导弹。这种武器能用运载导弹或火箭携带深水炸弹或鱼雷攻击潜艇。美国的 "阿斯洛克" 反潜导弹由 MK46 的自导鱼雷和外挂式火箭发动机组成，其射程为 2.35 ~ 11.48 千米。

美国"俄亥俄"级战略核潜艇

美国"俄亥俄"级战略核潜艇有着"当代潜艇之王"的美誉。就其整体性能而言，它当之无愧地成为当今世界上最先进的战略核潜艇。

"俄亥俄"级战略核潜艇是美国的第四代弹道导弹核潜艇。该级潜艇隐蔽性好、生存力强、攻击威力大。它一次下潜能连续在水下航行几个月不用上浮，可悄悄接近敌人的领海或近海海域，携载的导弹射程达到10000千米以上，可以进行全球性攻击。

"俄亥俄"级是世界上最先进的战略核潜艇，它优异的性能和所携载的威力巨大的弹道导弹，被称为是"深海虎王"。

"画皮"神效

美海军太平洋舰队的"密歇根"号核潜艇是"俄亥俄"级弹道导弹核潜艇进行装备改装后的产物。改装后的潜艇成为多用途导弹核潜艇，可作为具备隐身能力的巡航导弹载体。

难逢敌手

"俄亥俄"是世界上单艘装载弹道导弹数量最多的核潜艇。它携带24枚三叉戟I型或三叉戟II型导弹，射程达1.1万千米，其威力足以摧毁一座大城市。三叉戟导弹可以从全球任何一片海域射向全球任何一个目标。

战机

ZHANJI

美国"全球鹰"无人机

美国"全球鹰"无人机是专为美国空军制造的军事战略飞机，至今它仍是美国空军乃至全世界最先进的无人机型号。它独有的持续、实时的监视能力为美国空军提供了强大的作战支持。

"全球鹰"无人机是美国诺斯罗普·格鲁曼公司研制的高空高速无人侦察机。"全球鹰"体积庞大、双翼直挺，翼展超过波音 747 飞机，球状机头将直径达 1.2 米的雷达天线隐藏了起来。"全球鹰"机载燃料超过 7 吨，最大航程达 25945 千米，自主飞行时间长达 41 小时，可以完成跨洲

"全球鹰"无人机是美国空军乃至全世界最先进的无人机。

际飞行，可在距发射区 5500 千米的目标区域上空停留 24 小时进行连续侦察监视（ U－2 侦察机在目标上空仅能停留 10 小时）。"全球鹰"飞行控制系统采用 GPS 全球定位系统和惯性导航系统，可自动完成从起飞到着陆的整个飞行过程。

鹰"击"长空

2001 年 4 月 22 日凌晨，一架"全球鹰"从美国加利福尼亚空军基地起飞，经过 22.5 个小时的连续飞行，降落在澳大利亚阿莱德附近的艾钦瓦勒皇家空军基地，总行程达 12000 千米（相当于绕地球 1/4 周），成为世界上第一架成功飞越太平洋的无人驾驶飞机。

功勋卓著

"全球鹰"有"大气层侦察卫星"之称，机上装有光电、高分

辨率红外传感系统、CCD 数字摄像机和合成孔径雷达。光电传感器，工作在 0.4～0.8 微米的可见光波段；红外传感器工作在 3.6～5.0 微米的中波段红外波段；合成孔径雷达，工作在 X 波段。"全球鹰"能在 2 万米高空穿透云雨等障碍连续监视运动目标，准确识别地面各种飞机、导弹和车辆的类型，甚至能清晰分辨出汽车轮胎的齿轮；对于以每小时 20 千米到 200 千米速度行驶的地面移动目标，可精确到 7 米。

全球监控

"全球鹰"一天之内可以对约 13.7 万平方千米的区域进行侦察，它经过改装可持续飞行 6 个月，只需 1～2 架"全球鹰"即可监控某个国家，最终达到监控全世界的目的。

小试牛刀

"全球鹰"于 1994 年开始研制，1998 年 3 月样机试飞，2001 年春天才通过了系统设计。11 月就匆匆投入了对塔利班的军事打击行动。在阿富汗战争中，"全球鹰"无人机执行了五十多次作战任务，累计飞行 1000 小时，提供了一万五千多张敌军目标情报、监视和侦察图像，还为低空飞行的"捕食者"无人机指示目标。

伊拉克战争打响后，"全球鹰"再次出征。战争中，美军只使用了 2 架"全球鹰"无人机，却担负了 452 次情报、监视与侦察行动，为美军提供了可靠的战场数据。在伊拉克战争期间，"全球鹰"执行了 15 次飞行任务，提供了 4800 幅图像。美空军利用"全球鹰"提供的目标图像情报，摧毁了伊拉克 13 个地空导弹连、50 个地空导弹发射器、70 辆地空导弹运输车、300 个地空导弹箱和 300 辆坦克。

一架完整的"全球鹰"无人机造价约 4800 万美元，如果加上研发费用为 7000 万美元。

澳大利亚"楔尾"预警机

澳大利亚军方一致认为需要发展预警机，但在需要怎样的预警机上却存在分歧，最后，经过严格的论证与选择，波音公司的 E－737"楔尾"预警机成为最佳候选者。

波音 737 空中预警机控制系统风险低，作战效能优越，受到许多国家的青睐。该机可载 10 套高尖端系统控制平台，目前北约许多国家已在考虑使用该型预警机。

澳洲上空的鹰

2005 年 3 月 2 日波音公司表示：为澳大利亚制造的"楔尾"机载预警机将于 3 月 15 日在阿瓦朗航展上亮相。

澳大利亚前后两次订购了 6 架波音公司研制的波音 737"楔尾"预警机。

性能先进

虽然"楔尾"预警机是由波音 737 飞机改造而成，但"楔尾"预警机性能先进，采用了美国老牌军工企业诺斯罗普·格鲁曼公司的多功能电子扫描阵列雷达为主要设备，大大提高了该机的预警能力。目前，"楔尾"预警机已完全能够胜任澳大利亚的空中预警任务，使澳大利亚的防空能力得到大幅提高。

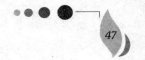

俄罗斯图 – 160 战略轰炸机

 – 160 是苏联图波列夫设计局设计的四发变后掠翼多用途远程战略轰炸机，用于替换米亚 – 4 和图 – 98 执行战略突防轰炸任务。"海盗旗"是西方给予该机的绰号。

图 – 160 既能在高空、超音速的情况下作战，发射具有火力圈外攻击能力的巡航导弹，又可以亚音速低空突防，用核炸弹或导弹攻击重要目标，还可以进行防空压制，发射短距离攻击导弹。它是目前世界上最大的轰炸机之一。

优劣互存

图 – 160 战略轰炸机的主要特点为：装备大量电子设备，但占用机内空间较大；能在防空火力圈外发射空地导弹，突防能力强；由于飞机本身比较笨重，使自身的生存力受到较大威胁，因此一般需战斗机护航支援。图 – 160 战略轰炸机装有 4 台 NK – 144 改进型涡扇喷气发动机，单台最大推力达 13620 千克。还装有攻击雷达、地形跟踪雷达及装在垂尾与后机身交接处的尾部预警雷达。前机身下部装有录像设备，以辅助武器瞄准。两个 10 米长的弹仓各有一个旋转式发射架，可带 12 枚 AS – 16 短距攻击导弹或 6 枚 AS – 15 空中发射巡航导弹。

美国 B-2 隐形轰炸机

美国 B-2 隐形轰炸机是冷战时期的产物，1981 年开始制造原型机，1989 年原型机试飞。后来美军对计划进行了修改，使 B-2 隐形轰炸机兼有高低空突防能力，能执行核轰炸及常规轰炸的双重任务。

B-2 隐形轰炸机由美国格鲁曼公司研制成功，也是目前世界上唯一的一种大型隐形飞机。装备 B-2 轰炸机的第一支部队是美国空军第 509 轰炸机联队的第 393 中队。

隐形高手

B-2 隐形战略轰炸机省去了传统作战飞机所具有的机身和机翼，甚至连垂直尾翼也没有。B-2 轰炸机像一只巨大的、后缘呈锯齿状的怪物。这种形状的飞机，需要极其先进的控制系统。

闪电轰炸

B-2 轰炸机因具备隐身能力，生存能力极强。B-2 轰炸机的反射截面只有不到 0.1 平方米，和一只飞鸟差不多。而且它还具有强大的轰炸突击能力。当 B-2 轰炸机被用来进行核攻击时，它可以挂载 8 枚巡航导弹和 8 枚核炸弹，这些武器可以使数座城市在极短时间内夷为平地。B-2 轰炸机绝对是空中杀手级轰炸机。

俄罗斯米－10 "哈克" 直升机

在 1961 年，一架形状奇特的直升机在土希诺机场慢慢升起，这便是苏联的米－10 重型直升机。米－10 直升机奇怪的外形给人们留下了深刻的印象，所以人们形象地称其为长腿直升机。

米－10 直升机是苏联米里设计局研制的重型起重直升机，由米－6 发展而来，北大西洋公约组织称其为"哈克"。米－10 有两种型号："哈克" A（米－10 或 V－10）和"哈克" B（米－10K）。米－10 可用来运送货物。

装置配备

米－10 采用了高大的长行程四点式起落架，主轮距有 6 米多，满载时机身与地面间距离可达 3.75 米，因而可以使直升机滑行至所

携带货物的上面，便于运送庞大的货物。机身下面可装轮式载货平台，平台由液压夹具固定，液压夹具可在座舱内或用手提控制台操纵。座舱内可装载旅客或附加货物。

1971 年，米－10 暂时停产，1977 年又开始恢复短期小批量生产。现在大多数米－10 已逐渐被新研制的米－26 重型运输直升机所取代。

俄罗斯米－28武装直升机

米 －28是单旋翼带尾桨的全天候专用武装直升机，它的基本设计思想是用来攻击地面坦克，攻击近距支援攻击机和直升机，拦截和下射低空飞行的巡航导弹，攻击地面活动目标和进行战场侦察。

作为一种全天候专用武装直升机，米－28"浩劫"直升机由苏联米里设计局制造。

空中"装甲车"

米－28直升机是目前世界上唯一的全装甲直升机，它前后两个乘员舱都由钛合金装甲保护，座舱安装了50毫米厚的防弹玻璃，能承受12.7毫米子弹和炮弹碎片的打击。此外，米－28的发动机也能抵挡机枪子弹攻击，就连旋翼叶片上也有丝状玻璃纤维包裹。

谁与争锋

由于米－28和苏联卡莫夫卡设计局的卡－50都是为竞争新一代俄罗斯武装直升机的合同而研发的，所以两者一"出世"就互相竞争。由于这两种直升机各有千秋，俄罗斯空军左右为难，也不知道选择哪种飞机好。随着米－28推出了性能卓越的改进型米－28N，俄罗斯空军才最终决定，于2004年空军和陆军航空兵中装备米－28。

米－28直升机上装有火控雷达、前视红外系统、光学瞄准系统和多普勒导航系统。

俄罗斯卡－50武装直升机

卡－50 是新型共轴反转旋翼武装直升机，北约组织给予绰号"噱头"（Hokum）。"噱头"不是空战直升机，而是一种用于压制敌方地面部分火力的突击武装直升机。卡－50被选做俄罗斯下一代反坦克直升机。

1992 年，在英国的范堡罗航空展上，卡－50在航空界引起巨大轰动。

英雄本色

俄罗斯人把这架直升机称之为"狼人"，编号卡－50。它是美、苏军备竞赛的产物。卡－50荣获多项世界第一：第一种单座攻击直升机；第一种共轴式攻击直升机；第一种采用弹射救生系统投入现役使用的直升机。

低空"杀手"

卡－50直升机在机身右侧装有 1 门 30 毫米口径 2A42 型机炮。机身两侧有短翼，翼尖各装一个 UV－26 型 64 枚干扰弹发射短舱。翼下左右各 2 个挂架。内侧挂架通常挂一个可装 20 枚 S－8 型 80 毫米口径火箭弹的火箭筒，射程最远可达 4000 米，可打穿 350 毫米钢板。短翼下的外挂架每个可悬挂 6 枚破甲厚度达 900 毫米的 9M120 型"旋风"反坦克导弹。机载计算机可自动接收其他直升机、飞机或地面站传来的目标指示。而且立即在座舱显示器和平视显示器上显示出来。

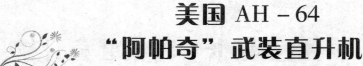
美国 AH – 64
"阿帕奇"武装直升机

国 AH – 64 是目前武装直升机的最终极表现，它的强大火力与重装甲使它像是一辆在战场上空飞行的重坦克。不管。白天或黑夜都能够随心所欲地找出敌人并摧毁敌人，而且几乎完全无惧于敌人的任何武器。

"阿帕奇"直升机是 20 世纪 80 年代美国陆军最先进的全天候攻击直升机，代表了第三代武装直升机的发展趋势。"阿帕奇"在海湾战争中战绩辉煌，一架"阿帕奇"曾摧毁了 23 辆伊拉克坦克。

AH – 64"阿帕奇"直升机的生存能力非常强，这意味着直升机的作战效率和部队的战斗力都有所保证。

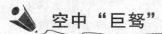 空中"巨弩"

AH – 64 是美国麦克唐纳·道格拉斯公司研制的先进攻击直升机，原型机于 1975 年 9 月首次试飞。"阿帕奇"的火力是当今武装直升机中最强的，机身上可挂载 16 枚"海尔法"激光制导反坦克导弹，机身下装有 4 具发射器，可悬挂 76 枚航空火箭。可以这么说，让 AH – 64 发现的装甲目标，几乎都未战先亡。

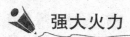 强大火力

美国 AH – 64"阿帕奇"武装直升机的作战任务以反坦克为主，也可以对地面部队进行火力支援。直升机最关键的部件是旋翼，"阿帕奇"采用的是 4 片桨叶全铰接式旋翼系统，旋翼桨叶翼型是经过修改后的大弯度翼型。

美国 S-70 "黑鹰" 直升机

美国 S-70 直升机绰号 "黑鹰" 是 UH-1 的后继机。该机主要执行战斗突击运输、伤员疏散、侦察、指挥及兵员补给等任务，是美国陆军 20 世纪 80 年代直升机的主力。

S-70 "黑鹰" 直升机由美国西科斯基公司研制，是美军目前装备数量最多的通用直升机。1984 年 7 月，中国从美国西科斯基公司签订合同购买 24 架 S-70 民用 "黑鹰" 直升机。首批 4 架 "黑鹰" 于 1984 年 11 月抵达中国

T700-701A 发动机，改进旋翼刹车，并且采用先进的 LTN3100VLF 导航系统，而非美军标准的多普勒导航系统。

天津。S-70 直升机是迄今为止中国空军所拥有的高原性能最优秀的直升机。

S-70 在中国

S-70 是陆航唯一能在高原区顺利运作的直升机。为了适应高原地区的使用需要，中国的 S-70 直升机采用了加大推力的

S-70 的用途比较广泛。自 1985 年后进入西藏和新疆的高原地区服役，曾先后参加过多次抢救西藏灾区和返回式卫星回收的任务，出勤率十分高。S-70 的先进性不容置疑，且易于维护。在高原性能和防腐蚀方面，S-70 更是占有压倒性的优势。

欧洲 EF2000 战斗机

欧洲 EF2000 原名 EFA，是德国、英国、意大利、西班牙四国合作研制的一种新型战斗机，是介于第三代和第四代之间的超音速战斗机，它主要用于空战，并具有一定的对地攻击能力。1983 年开始研制，1994 年 3 月试飞。

武器配备

EF2000 的机载武器为一门 27 毫米的"毛瑟"机炮、13 个外挂架，其中机身下有 5 个，每侧机翼下各有 4 个。在执行空中战斗任务时，外侧机翼挂点可携带 2 枚先进近程空对空导弹、2 个超音速自降式副油箱、4 枚中程空对空导弹。

空中优势

空中拦截能力：功能强大、高度灵敏的探测器加上先进的武器发射技术，使它的空对空武器系统始终保持着待发射状态，昼夜都能够进行大负荷长距离作战。

海上攻击能力：专用的雷达模式和数据链使 EF2000 战斗机能够独立或者配合其他海上力量投入战斗。

EF2000 战斗机的机动性敏捷，具有短距离起落能力和部分隐身能力。

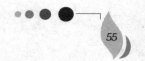
俄罗斯米格-29战斗机

米格-29"支点"是俄罗斯单座超音速全天候空中优势战斗机,它的基本任务是在各种海拔高度、方向、气象和电子对抗条件下,消灭60~200千米内的空中目标,所以它最适合于空中优势和近距机动空战。

米格-29战斗机是赫赫有名的米高扬一格列维奇实验设计局研制的单座双发高机动性战斗机。米格战机于1979年10月首飞,1982年投产,次年开始成为苏联空军的制式装备。米格-29性能卓越,能在任意气象条件下和苛刻的电子干扰环境中、在全高度范围内进行空中精确打击,是近距机动空战中的王者。米格-29后期的一些型号也可以进行空对地攻击和进行近距空中支援。西方军事专家称米格-29为"支点"。

米格-29的发动机和机载设备均具有非常合理的规划设计,其飞机性能和用途具有可扩展性。

空中"多面手"

米格-29是与苏-27同时进行研制的。苏联当时规划这两种战斗机将构成一个新的战术航空系统。该系统的任务是确保空中优势并承担所有前线作战任务,包括对地攻击。进入设计阶段后,米高扬设计局力求使米格-29多承担任务。因此,到1971年,该机已成为一种"微型"前线战斗机。米格-29同时具有优秀的格斗能力和对地攻击能力，可以单独自主地用于作战，只是作战半径有限。米格－29进气道在机腹两侧，中等后掠角的上单翼，双发双垂尾，主起落架为前后串列双轮。米格－29战机总体方案进行了多次调整，最后形成了翼身融合体、带边条中等后掠角、双垂尾、机腹进气的布局方式。米格－29没有采用电传操纵，但在操纵系统中装有较先进的С－IУ－451自动控制系统。米格－29的1号原型机于1977年10月6日首飞。这架飞机与生产型没有多大的区别，随即生产了10架试制型和8架试生产型的飞机，用于进行飞行试验。

畅销"支点"

1982年，米格－29开始在莫斯科和高尔基的工厂批量生产，1983年6月交付部队试用。其装备部队的时间比苏－27早约三年。1988年，米格－29在范堡罗航展上首次公开展出。1986年开始，先后向古巴、捷克斯洛伐克、东德、印度、伊朗、伊拉克、朝鲜、波兰、罗马尼亚、叙利亚、南斯拉夫和马来西亚（米格－29S）等国出口。

米格－29的武器系统

米格－29装有先进的机载设备和武器系统。其火控系统包括脉冲多普勒雷达、光学雷达、头盔瞄准具和火控系统计算机，自动化程度高，抗干扰能力强。该机可携带Р－27雷达制导中距拦射空空导弹和Р－60、Р－73红外制导近距格斗空空导弹，还可携带57毫米、80毫米、240毫米火箭弹。最大武器外挂量为3000千克，并装有1门30毫米航炮。动力装置为2台克里莫夫设计局的РⅡ－33加力式涡扇发动机，单台最大推力为49390牛。

米格－29在制造期同广泛采用了数控机床、结构模块化和自动焊接技术等先进工艺。

俄罗斯苏－24
"击剑手" 战斗轰炸机

苏－4 "击剑手" 战斗轰炸机为冷战时期苏联空军最有效的远程战术攻击机，也是俄罗斯空军现役的主力战斗机之一，其主要战术使命是深入敌境，攻击其陆军集结部队或空军基地。

苏－24 是苏霍伊设计局研制的双座、双发、变后掠翼重型战斗轰炸机，是苏联第一种能进行空中加油的战斗轰炸机，西方军事专家称其为"击剑手"。

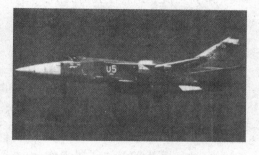

苏－24 轰炸机的主要特点是续航时间长，加速性能好，具有低空高速突防和全天候作战能力。

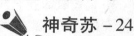
神奇苏－24

苏－24 是第一种装备了计算机轰炸瞄准系统和地形规避系统为核心的火力控制系统的苏联飞机，机上装有性能较先进的导航／攻击雷达，还装有毫米波雷达和其他较完备的电子设备。苏－24 装有惯性导航系统，飞机能远距离飞行而不需要地面指挥引导。

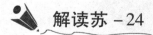
解读苏－24

苏－24 战机主要特点是续航时间长，加速性能好，能在泥土跑道上起降，具有低空高速突防和全天候作战能力。它是苏联航空兵的进攻利剑，是苏联战斗轰炸机中的领军者。苏－24 战机的使用显示了苏联在战机方面的高超的科研能力。

俄罗斯苏 – 27
"侧卫" 重型战斗机

苏 – 27 是单座双发全天候空中优势重型战斗机，于 1986 年陆续装备部队，目前是俄罗斯空军的主战飞机。它的问世，不仅结束了米格机在苏联战斗机领域独领风骚的局面，而且使该系列飞机成为居世界前列的尖端兵器。

✐ 高空利剑

1987 年 9 月 13 日，一架挪威空军的 P – 3B 巡逻机挑衅性地出现在苏联的海岸线上，苏联空军的一架苏 – 27 战斗机立刻升空进行驱赶。苏 – 27 战斗机的飞行员驾驶飞机直接从 P – 3B 巡逻机的右下方闪电穿过，用其坚固的尾翼尖作为"手术刀"，给 P – 3B 巡逻机做了一个"开膛手术"，P – 3B 巡逻机的一台发动机严重受损，苏 – 27 捍卫了苏联的荣誉。

✐ "蛇王" 抬头

"眼镜蛇机动"是由苏联试飞员普加乔夫驾驶苏 – 27 首创，在此之前，世界上任何一种飞机都无法完成这个动作，包括 F – 15 和 F – 16。苏 – 27 的这个动作属非常规机动，在做这一动作时，它的姿态很像眼镜蛇，所以，人们称它为"眼镜蛇机动"。这一动作实战性较强。

"侧卫"战斗机装备了"海蛇"机载无线电电子设备，主要用于对水面舰只、水下潜艇及水雷等目标实施搜索。

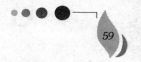

俄罗斯 S – 37
"金雕" 战斗机

俄罗斯苏霍伊设计局研制并先后试飞成功的苏 – 37 和 S – 37，因代号相似，一开始容易使人把二者看成是一种飞机，其实它们是两种不同型号的战斗机，两者在外形上最明显的区别就是一个后掠翼、一个前掠翼。

S – 37 是苏霍伊设计局根据俄罗斯空军对新一代战斗机的要求而设计的。S – 37 技术性能优越，可与美国的 F – 22 战斗机相匹敌。目前，S – 37 已被命名为苏 – 47 战斗机，成为俄罗斯空军的又一张王牌。

动力强劲

目前 S – 37 战斗机装有 2 台 D – 30F6 涡轮喷气发动机，其单台推力 15500 千克。最终将在定型机上装备 2 台先进的 AL – 41F 涡扇发动机，并采用推力矢量喷管技术。

武器系统

S – 37 战斗机机载武器包括 R – 77M（AA – 12）、R – 73M、K – 74、KC – 172、VV – AE 中、近、远程空对空、空（面）导弹和各种精确制导炸弹等。其中 R – 73M 红外制导空对空导弹，为 R – 73 的改进型，可实施全向攻击，具有发射后无需控制及同时攻击多目标的能力，不仅能攻击飞行中的飞机，还可用于拦截中、远程空对空导弹，射程可达 160 千米；KS – 172 是俄罗斯最新研制的远程空对空导弹，最大射程为 400 千米，它与机载火控雷达匹配后，该机将具有先敌发现、先敌攻击的超视距攻击能力，可在敌防空火力圈外实施攻击。

瑞典 JAS – 39
"鹰狮"战斗机

瑞典 JAS – 39 "鹰狮"战斗机是瑞典航空航天工业集团 SAAB 公司研制的新一代战斗机。"鹰狮"是一种多用途飞机。它已成为本世纪末"雷"式飞机的接替者，又称"北欧守护神"。

一专多能

多功能、高效经济的"鹰狮"战斗机不仅达到了瑞典空军多功能、低成本的要求，也符合多变的世界市场对飞机品质及能力日益提高的需要，其性价比也十分优越。JAS – 39 的出口定单一直未断过。

鹰之舞

JAS – 39 "鹰狮"战斗机可轻松完成倒飞、筋斗、小半径盘旋、大迎角低速通场等高

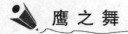
JAS – 39 战斗机是一款拥有多功能、高效、经济的轻型战机。

难度动作。它装备有 1 门 27 毫米 "毛瑟" BK27 航炮、有 7 个外挂架，可装挂红外和雷达制导的"响尾蛇""天空闪光"等空对空导弹，还可悬挂重型空对地、空对舰导弹和侦察吊舱。JAS – 39 "鹰狮"机型于 20 世纪 90 年代初装备部队，该机型主要使命为拦截、攻击和侦察。"鹰狮"战斗机成为瑞典人的骄傲。

美国 F – 15 "鹰" 战斗机

美 国 F – 15 "鹰" 战斗机是全天候、高机动性的战术战斗机，是美国空军现役的主力战机之一。它与 F – 4、F – 16、欧洲的"狂风"、法画的"幻影" 2000 等同属第三代战斗机。

F – 15 "鹰" 战斗机由美国麦道航空公司研制，担负空中格斗、夺取制空权的任务，同时 F – 15 具有对地攻击能力。作为第三代战斗机中的杰出代表，F – 15 一直都是美国空军夺取制空权的主力战斗机。

F – 15 战斗机能作高空高机动飞行和洲转场飞行，能单人操纵投放各种武器，可近距格斗，野战自助能力也强。

"苍鹰" 展翅

F – 15 战斗机装备 20 毫米的 M61A1 "火神" 机炮，这种 6 管的高速机炮能每分钟发射出 6000 发炮弹。

空中利爪

F – 15E 战斗机采用了美国先进的科技成果：飞行员头盔式目标选定瞄准系统。飞行员只需按动一个按钮，中央计算机就会立即输入飞行员头部转动角度，瞄准系统会通过中央计算机立即锁定飞行员选定的攻击目标，整个过程只需 1 秒钟。

美国 F－16 "战隼" 战斗机

 国 F－16 "战隼" 战斗机是美国空军装备的第一种多用途战斗机，也是世界上使用最广泛的一种作战飞机。由通用动力公司制造，目前在全世界许多国家和地区服役。

F－16 "战隼" 战斗机由美国洛克希德·马丁公司研制，是一种超音速、单发、单座轻型战斗机。现已成为美国空军的主力机种之一，主要用于空中格斗。F－16 战斗机是世界上销量最大的战斗机。

该机外形短粗，机身与机翼完美地结合在一起，从而减小了阻力，提高了升阻比。

腹部进气道

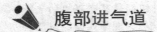

F－16 战斗机采用腹部进气道设计，在它出现之前，战斗机的进气道大多采用机头进气或机身两侧进气。而采用腹部进气道的优点是，在飞机大仰角飞行或侧滑时，气流稳定且不会吸入机炮发射时的烟雾。之后，苏联生产的米格－29、苏－27、法国的"阵风"纷纷采用了 F－16 战斗机所采用的腹部进气道的设计。

高新技术

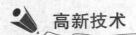

F－16 "战隼" 战斗机装有 1 门 M61A1 型 6 管航炮，9 个武器外挂架。此外，它还采用翼身融合为一的边条翼、使用质量较轻的复合材料、采用静稳定性技术等。

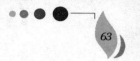

美国 F–18
"大黄蜂" 战斗机

美国 F–18 战斗机的战场生存能力很强，极高的武器投射精度、良好的安全性能及较低的故障率，使得"大黄蜂"成为美国出口热销的战斗机之一。F–18 经一系列改进，共生产了 9 种型号，性能不断得到提升。

美国 F–18 战斗机由美国麦道公司和诺斯罗普公司联合研制，F–18 是一种舰载战斗机，主要编入美国航母战队。F–18 绰号"大黄蜂"。

"黄锋" 本色

F–18 战斗机的主要特点是可靠性和维护性好、生存能力强、大迎角飞行性能好、武器投射精度高。据介绍，该机的机体是按 6000 飞行小时的使用寿命设计的，机载电子设备的平均故障间隔长，故障率低，电子设备和消耗器材中 98% 有自检能力。

F–18 战斗机采用了隐身外形设计，包括原来的圆形进气道，涂漆含有吸收雷达辐射的材料。

美国 F-22 "猛禽" 战斗机

美国 F-22 "猛禽" 战斗机是由美国洛克希德·马丁、波音和通用动力公司联合设计的新一代重型隐形战斗机。超音速巡航能力的具备，使得其在穿越对手的防空体系时自身的生存力得到提高。

F-22 战斗机是世界上第一种也是目前唯一一种投产的第四代超音速战斗机，它所具备的"超音速巡航、超机动性、隐身、可维护性"等功能，使它成为第四代超音速战斗机史上的杰作。

超音速巡航能力是指飞机无需开加力而以较高的超音速巡航飞行的能力。F-22 穿越对手的防空体系时，超巡能力可以提高其生存力。无论是尾追还是前置拦截，高速度都显著缩短了有效射击时间，因为导弹如果追击一个高速目标，而目标的相对角速度太大会使得导弹不得不在急转弯中消耗能量。

绝版 F-22

F-22 的冲刺速度十分惊人，在所有高度上，以军用推力或者更小的推力进行水平加速非常容易，但要是使用全加力，该战斗机的加速度简直令人惊骇。使用军用推力，在接近音速时随阻力上升，F-22 战斗机加速性有些下降，但突破音障仍很轻松。打开全加力，"猛禽"的加速性变得稳定而强劲。在 M0.97～M1.08，飞机有轻微抖振。之后，直到最大速度，F-22 战斗机的加速一直保持平稳连续。

美国 F－117
"夜鹰" 战斗机

美国 F－117 的设计目的是凭隐身性能突破敌方火力网，压制敌万防空系统，摧毁严密防守的指挥所、战略要地、工业目标，它还可执行侦察任务。隐身"夜鹰"在对手眼中已成为无法看见的空中"黑手"。

兼容并包，独树一帜

F－117 战斗机的机载设备具有很强的通用性，像 F－16 战斗机的电传操作系统，F－15 战斗机的刹车装置和弹射座椅。C－130 运输机的环境控制系统等都直接用在了 F－117 身上。

看不见的空中"黑手"

F－117 是世界上第一种用于实战的隐身战斗机，其隐身性能好，雷达和红外探测装置很难发现它的踪迹。它的主要使命是凭借良好的隐身性能突破敌人防空火力网，摧毁敌人的指挥所、工业目标和交通枢纽。在海湾战争中，F－117 逐渐成长为美空军手中不可或缺的王牌战斗机。

1980 年，美国空军在内利斯空军基地组建了第 4450 大队，并为新飞机征招飞行员和地勤人员。飞行员几乎全是从战术战斗机部队招来的，条件是飞行员必须要在现有战斗机上安全飞行过 1000 小时以上。

法国"幻影"2000战斗机

有人用"幻影时代"来形容"幻影"系列战斗机发展的盛况。足见其名气之大。"幻影"2000是"幻影"系列中最新的一种战斗机，也是目前第三代战斗机中唯一采用不带前翼的无尾三角翼布局的飞机。

"幻影"2000是法国达索航空公司研制的多用途战斗机。1984年"幻影"2000正式用于法国军队。"幻影"2000是"幻影"系列中最新的一种战斗机。从其性能水平和作战效能来看，确是一种研制得相当成功的优秀战斗机。

神奇"幻影"

"幻影"2000是很有特色的一种第三代战斗机，它是目前已服役的第三代战斗机中唯一采用不带前翼的三角翼飞机。法国在战斗机研制方面独树一帜的做法不仅体现在"幻影"2000飞机上，而且体现在整个"幻影"系列飞机的形成和发展之中。

"幻影"2000设计的目标之一是要增大有效载荷占飞机总重的比例，即所谓改进结构效益。为减轻结构重量，"幻影"2000广泛采用了碳纤维、硼纤维等复合材料。

武器装备

"幻影"2000战斗机有9个挂架，可挂装BGL1000激光制导炸弹、ARMAT反雷达导弹、APACHE空对地巡航导弹、AM39"飞鱼"空对舰导弹，以及ACALP隐身巡航导弹等多种摧毁性大的武器。

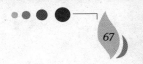

法国"阵风"战斗机

法国"阵风"战斗机是极富创造性的法国达索公司于 20 世纪 80 年代中期开始研制的。对它的支持者而言,"阵风"具有成为世界顶尖战机的潜力,不赞同的人则认为它只不过是个昂贵的奢侈品,一个法国养不起的"金钱无底洞"。

法国"阵风"战斗机是达索飞机制造公司研制的双发多用途超音速战斗机。于 1998 年装备法国空军。"阵风"装有一套独特的地形跟随系统,该系统不仅可在陆上使用,还可在海面上使用。

"三雄"风采

"阵风"战斗机与"台风"战斗机和 JAS – 39"鹰狮"战斗机并称为欧洲"三雄",它们采用了大量的现代技术,因而其综合空战效能有了巨大的提高。"阵风"战斗机拥有超视距作战能力和一定的隐身能力,可以在全天候气象条件下,完成对地对空攻击的各类任务。

武器装备

"阵风"装备 1 门 30 毫米机炮,射速达 2500 发/分。共有 14 个挂架,有 5 个挂点用来加挂副油箱和重型武器。主要空战导弹为马特拉 – BAe 动力公司的"米卡",该导弹配备 AD4A 主动雷达,并已装备在法国空军的"幻影"2000 – 5 等战斗机上。

英国 "鹞" 式战斗机

英国 "鹞" 式战斗机可谓是战斗机中的 "杂技演员"，它可以垂直起落、快速平飞、空中悬停及倒退飞行。主要用于执行空中近距离支援和战术侦察任务，也可用于空对空作战。

"鹞" 式战斗机的主要使命是海上巡逻、舰队防空、攻击海上目标、侦察和反潜等。"鹞" 式战斗机于 20 世纪 70 年代初装备军队。

马岛神威

在 1982 年的英阿马岛之战中，"鹞" 式战斗机首次参战执行截击任务，就在空战中击落了对方 16 架飞机，从而一举成名。

"鹞" 式战斗机的心脏

"鹞" 式战斗机的发动机是英国罗，罗公司制造的设计独特、性能优良的 "飞马" 103 发动机。发动机装在机身后部，两个进气口位于驾驶舱下机身的两侧，机身前后下部有 4 个对称的可向下、向前旋转 98.5°的发动机喷气口。这 4 个喷气口的旋转为 "鹞" 式战斗机提供了垂直起落、过渡飞行和常规飞行所需要的动力。

"鹞" 之家族

"鹞" 式战斗机共有 4 个系列，主要有对地攻击型、双座教练型及海军型和出口型。"海鹞" 式战斗机属于海军型和出口型。它是由 "鹞" GRNK 3 型改进而来的多用途舰载垂直、短距起落战斗机，它相对 "鹞" 式加高了座舱，更新了电子设备，安装了 "兰狐" 雷达和 "飞马" 104 发动机。

手 枪

SHOUQIANG

美国柯尔特转轮手枪

一直以来，美国柯尔特转轮手枪就是转轮手枪家族中的王者，在绝大多数警察、侦探和枪械爱好者的心中，柯尔特转轮手枪是必备的枪支，它不仅是武器，更是一件优雅古典的饰品。

转轮手枪发展历程

在柯尔特发明第一支具有实用价值的转轮手枪之前，原始的转轮手枪要解决两个技术问题：一是需要一边射击，一边用手拨动转轮，或是用手扳动击锤带动转轮到位，然后才能扣压扳机完成单动击发；二是枪弹的击发底火问题不能解决。而柯尔特发明的转轮手枪具有底火撞击式枪机和螺旋线膛枪管，使用锥形弹头的壳弹，一扣动扳机即联动完成转轮和击发两步动作。这使转轮手枪真正具有

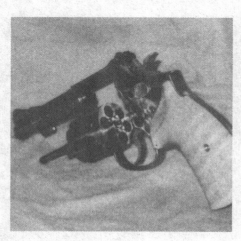

了实用价值，得到了世界各国的广泛使用。柯尔特手枪历史悠久，自它问世以后便一直畅销不衰。虽然与现代大容量自动手枪相比，转轮手枪只有 6 ~ 7 发子弹，但转轮手枪对瞎火弹的处理至今无可替代，成为世界上使用安全最有保障的手枪，故而成为众多刺客的首选用枪。

美国柯尔特 M1911 手枪

世界上仿制 M1911A1 手枪的数量极多，由其演变而来的变型枪多达上百种，这在枪械发展史上是绝无仅有的。至今，仍有许多国家在仿制并装备这种手枪，该枪也被誉为"军用手枪之王"。

作为世界上装备时间最长、装备数量最大的手枪之一的柯尔特 M1911A1 手枪，由美国著名的天才枪械设计师勃朗宁设计而成，最终由勃朗宁公司的竞争对手柯尔特公司买下专利权并加以出售。

威力无比

M1911A1 作为世界名枪，其优秀的战斗力是世界公认的。而 M1911A1 手枪最为引人注目的是它的超重弹头，其弹重约为 15.16 克，所产生的威力是 9 毫米子弹远远不及的。

经典战例

1942 年 10 月，在瓜达卡纳尔岛的丛林里，一名美军军士用一支 M1911A1 式手枪和两挺机枪交替射击，竟然孤身一人阻止了日军一个中队的自杀式冲锋。第二天破晓时，增援部队才来到阵地，战友们惊奇地发现那名军士还活着，而阵地周围却有一百多具日军的尸体。

忠诚卫士

M1911A1 手枪有着 11.43 毫米的口径，其强大的火力是其他手枪望尘莫及的。该型手枪还采用了枪管短后坐式自动方式和勃朗宁独创的枪管偏移式闭锁机构，所以十分可靠，被誉为"忠诚卫士"。

美国史密斯－韦森系列转轮手枪

史密斯－韦森转轮手枪有着可靠、完美的性能，无论是其旗舰之作 M29，还是其工艺精美的女士手枪，都深受枪械爱好者的喜爱。史密斯－韦森转轮手枪也因此成为精确、完美的代名词。

史密斯－韦森转轮手枪是美国 S&W 公司原始型的转轮手枪。

 ## 制造精良

美国史密斯－韦森系列转轮手枪采用优良的抛光和镍表面涂层技术，自问世以来，大受欢迎，特别在以枪战为题材的影片中经常出现，故而声名远扬。该系列转轮手枪使用 11 毫米马格努姆枪弹，子弹侵彻力很强。

 ## 价廉物美

史密斯－韦森枪械公司是美国八大枪械制造公司中最大的一家，其民用枪支更是独占鳌头。M586 转轮手枪就是为了与柯尔特公司的"巨蟒"式手枪争抢民用市场而研发的，其价格却大大低于"巨蟒"式手枪，而且射击精度高，稳定性好。

史密斯－韦森左轮手枪几乎已经成了精确、安全的代名词，它威力大、射击精度高，且容易操作。

美国史密斯－韦森双动转轮手枪

史密斯－韦森双动转轮手枪是 19 世纪 30 年代史密斯－韦森公司历时 4 年研制出来的一款双动手枪，相对于单动手枪，它有了很大进步。

双动手枪

史密斯－韦森公司经过 4 年的刻苦研究，到 19 世纪 80 年代，史密斯－韦森系列双动转轮手枪终于和世人见面了。双动手枪相对于单动手枪来说是有很大进步的：单动手枪击发前需要上膛，也就是拉一下枪栓，或者扳击锤。而双动可以直接击发，不需要以上动作，扣动扳机时，前一半过程可以替代拉枪栓、击锤。这样在紧急时刻双动手枪可以快速的出枪，为战斗争取宝贵的时间。而双动手枪的缺点是扳机的力道过大。

工作原理

史密斯－韦森双动手枪能通过连续两次扣动扳机使击锤完成一次竖起和释放的过程而开火。另外还可以人工竖起击锤后一次扣动扳机后释放开火。该枪要扳开在供弹轮前与枪管连接的一个铰链，打开供弹轮后能取出空弹壳并装入子弹。这是一种流行而可靠的武器，尤其是当它使用史密斯－韦森 9.65 毫米子弹开火时，有效射程大约为 20 米。

美国史密斯－韦森
西格玛 9 毫米手枪

史密斯－韦森公司推出的深受大众喜爱的西格玛系列手枪采用击锤击发、联动半自动结构，发射 10.16 毫米口径史密斯－韦森弹。自第一支西格玛手枪出现时，人们就期待着他们能出一款袖珍型的手枪，人们期待着"体积小威力大"的手枪出现。

结构紧凑

史密斯－韦森公司出产的第一批袖珍型手枪体积并不是很小，仅仅是在结构上给人一种更加紧凑的感觉。为了达到紧凑的效果，史密斯－韦森公司将弹匣容量减少，并将弹匣底部挡板设计成平面，使其与

该枪的握把很大，手指可舒服地握在上面。

握把底框相齐平。最后还将枪管和套筒减短了 1.27 厘米，经过这些改进后的西格玛手枪有着令人满意的效果。

迎合市场

从市场的需求来看，普通市民需要的应该是一种易于隐藏的袖珍型手枪，要求它性能可靠、精度较高、人机工效好；而执法人员需要的应该是一种更加保险的备用枪。史密斯－韦森公司的西格玛 9 毫米手枪对这两种需求都能满足。

令史密斯－韦森公司出产的西格玛 9 毫米手枪引以为傲的是，

它无论从性能还是隐蔽性上来说，都具有护身枪携带时所应具有的所有特性。

枪体结构

史密斯－韦森西格玛9毫米手枪内部许多部件都是用合成材料制成的，其中包括扳机机构中的许多零件。这些零部件设计强度较高，表面耐磨损，能够保证长期有效的服役。金属零部件随处可见，从扳机复进簧到冲压成形的连杆都是金属件。

西格玛9毫米手枪的联动扳机和闭锁方式同其他体积较大的西格玛手枪相似，枪管部分由枪管和固定在套筒座上的钢质枪管固定座组成。其自动方式为自由枪机式，因此套筒显得相当笨重。同时，套在枪管上的复进簧弹力也很大，使人一眼就能看出它足以承受9毫米手枪弹的发射，从而保证闭锁及开锁动作的顺利完成。套筒前端支撑在固定的枪管上，后端与可拆卸的钢制嵌入式导槽连接，导槽通过销钉固定在套筒座上。套筒后部握持用的锯齿形沟棱虽不美观，但对克服强大的复进簧力却有很大帮助。

瞄准装置和套筒连成一体，前面有一个小叶片状准星，后面的缺口在一条通槽中，它在近距离瞄准射击时很有用，这也正是西格玛9毫米手枪的真正设计意图。

该枪握把是和套筒座连成一体的，表面略有粗糙感，前后两端均有带状横纹。握把很大，手掌可舒服地握在上面。

为了使西格玛9毫米手枪拥有最好的射击性能，史密斯－韦森公司的工程人员将枪管长度改为8.3厘米，另外，由于手枪的后坐力较大，因此为了使枪更易于控制，就需增大握把长度。

西格玛手枪采用合成材料，重量轻，生产成本较低。

美国 FP – 45 "解放者" 手枪

美国 FP – 45 "解放者" 手枪是由美国陆军研制和监造，然后又转交给 OSS 在敌占领区将 "解放者" 手枪散播进行活动。"解放者" 手枪的正式名称是 FP – 45，即 "11.43 毫米口径信号枪"，"信号枪" 这个名称是用来迷惑敌方情报机构的。

结构简单

"解放者" 手枪是一种构造非常简单的单发滑膛手枪，这种手枪是第二次世界大战期间美国的 OSS 散发给被轴心国占领地区的抵抗组织所使用的简易武器。

"解放者" 手枪的结构很简单，拆卸和组装的过程非常简便。并且这款手枪的造价也非常的低廉，很适合大批量生产。

悄然诞生

生产这款手枪的过程很有趣，美国陆军在 1942 年秘密研制了这种被称为 FP – 45 的手枪之后，是以生产信号枪的名义交给了俄亥俄州代顿的通用汽车的大陆制造分公司生产，工人们在刚开始的时候并不知道自己生产的是手枪，只知道这份订单是生产许多小的金属片；而粗糙的枪管则是在代顿的电冰箱厂生产的。

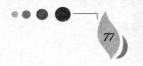

美国萨维奇 M1907 型手枪

萨维奇 M1907 型手枪是由美国萨维奇公司开发与生产的枪机后坐式半自动手枪。它是萨维奇公司为了参加美军制式手枪选型试验而设计的发射 11.43 毫米口径 ACP 弹的丰自动手枪。后与柯尔特公司的手枪竞争失败，但仍获得较高评价。

重新研发

在此之后，萨维奇公司开发按比例缩小的 8 毫米口径的新手枪。新枪于 1907 年开始研制，样枪制成后于 1908 年开始生产。1909 年销售的批量产品称为萨维奇半自动手枪。萨维奇 M1907 - 09 这一名称，则是后来收藏者为了便于识别而命名的。萨维奇 M1907 系列手枪均具有独特的结构，其套筒后端乍一看像击锤的零件并非击锤，而是与套筒内的击针直接连接的击针待击件。

崭新征程

萨维奇 M1907 型手枪是一款值得称道的手枪，虽然它在同美国柯尔特 M1911 型手枪在军方选用时落选，但是在这之后，该枪的制造商萨维奇武器公司找到了当时正被切断了德国武器供应商的葡萄牙军队。

德国瓦尔特 PPK 手枪

德 国瓦尔特公司研制的 PPK 手枪以其完美的设计和性能，并通过第二次世界大战的实战，向世人证明了它是经得起时间和战争考验的精英武器。

瓦尔特 PPK 手枪是世界最著名的手枪之一，生产数量极大。德国军队分别于 1929 年和 1931 年装备该枪。PP 和 PPK 手枪对第二次世界大战后西德乃至世界各国的手枪的设计产生了极大的影响，真正让 PPK 手枪家喻户晓的功臣应是《007》电影系列中的传奇人物詹姆士·邦德。

瓦尔特 PPK 手枪是世界上推广应用时间最长、最广泛的手枪之一。

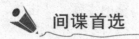 **间谍首选**

PPK 手枪作为一款小巧玲珑，反应迅速，威力适中的自动手枪，成为各国谍报人员的首选用枪。时至今日，该枪仍然被大量使用，人们经常能在各国电影中一睹它的尊容。

虽然电影有拍戏夸张的成份，但是外型小巧的瓦尔特 PPK 着实不容小觑。PPK 手枪火力比不了大口径手枪，但绝对超过像它这样小身型的其他手枪的实力。而且它使用方便，在极短的时间内即可完成射击动作。

 经典引导潮流

PPK 手枪的经典设计，引导了第二次世界大战以后世界手枪设计的潮流。其中，伯莱塔公司和勃朗宁公司从 PPK 的设计中受到了大量启发，设计出一系列经典的自卫型手枪。自此以后，世界手枪的设计开始朝着 PPK 手枪的美观外型发展。例如瑞士西格一绍尔公司设计的：P220、P226 等一系列型号的手枪均受到了 PPK 手枪设计的极大影响，成为一代名枪。

瓦尔特公司的一系列成功的手枪设计，使其成为当今世界名闻遐迩的著名轻武器生产公司。

全力生产

作为第二次世界大战时德军的制式手枪，到第二次世界大战快结束时，德国已生产了超过 100 万支。1957 年，瓦尔特公司开始恢复生产一种轻便型的手枪，称为 P1 型，直到 1980 年，该枪一直是德国国防军的标准辅助武器。

辉煌历史

瓦尔特手枪在军界服役了多年，它经受了第二次世界大战的洗礼，在第二次世界大战后更是被全世界数十个国家仿制和使用。它可靠的性能和极高的精确性，使得它无论是在军用还是民用中都受到了青睐。

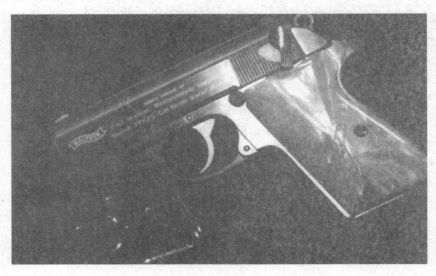

德国 HKUSP 系列手枪

德 国 HK 公司生产的 USP 系列手枪可以说是反恐部队的重要装备之一，USP 手枪较大的威力、较小的重量和快速的反应是其深受反恐战士喜爱的主要原因。

有消声器的 HK USP 手枪。

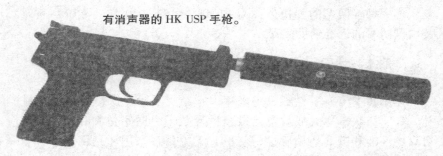

德国 USP（Universal Selbstlade Pistole）系列手枪是 HK 公司第一支专门为美国市场设计的手枪，它的基本设计理念是以美国民间、司法机构和武装部队等用户的要求为依据。

品质精良

USP 系列手枪采用改进后的勃朗宁手枪的基本结构。枪身材料由特殊的玻璃纤维塑料制成，枪上部有卡槽，便于安装光学瞄准镜。它各方面的性能均衡，价格便宜，后坐力小，精度和射速都比较高，静止时射击的密集度不在"沙漠之鹰"之下。

USP 紧凑型手枪是在 1994 年美国"突出武器禁止法"制定后面世的，虽然该法规限制了民用枪支的弹匣容量不得超过 10 发。但 USP 紧凑型的改变不只是弹匣容量的缩小，而是全枪尺寸也都缩小了，这样就非常便于特工将其藏匿在身上。

德国 HK P7 手枪

德 国 HK 公司向来以严谨、精密著称，在枪械制造上更是自成一系。无论其他枪械公司各具特色的名枪如何声名显赫，依然无法掩盖 HK P7 手枪的光彩。

德国 HK P7 半自动手枪是 20 世纪 70 年代为满足警方需要而专门研制的。该枪是世界上最优秀的手枪之一，它射击精确度高、火力猛，现在已成为德国警察和军队的制式装备，而且还大量出口。HK P7 系列有 P7M8、P7M13、P7K3 和 P7T8 等多种型号。

HK P7 手枪外形小巧精致，枪身简洁流畅，便于隐蔽携带和快速出枪。

精确射击

HK P7 手枪采用气体延迟式开闭锁机构。该枪枪管弹膛前方有个小孔，开枪射击后，部分火药燃气从此孔进入到枪管下方的气室内，当套筒开始后坐时，这些火药燃气给套筒一个向前的力，这样就减轻了后坐的震动，使射击更加平稳。HK P7 手枪既可以安全携带，又可以立即解除保险进行射击。由于气体延迟了后坐，因此采用固定式枪管，提高了射击精度。

德国瓦尔特 P99 手枪

在《007》系列电影中，主角邦德的随身武器一直是 PPK 手枪，到第五代邦德——皮尔斯·布鲁斯南接拍《明日帝国》时，他将随身武器换成了 P99 手枪，这把线条优美的手枪使邦德尽显绅士风度。

瓦尔特 P99 手枪是瓦尔特公司于 1996 年开始研制、1999 年开始生产的无击锤式手枪。该枪以其超酷的枪身设计和精致的内部结构领军枪界，成为世界级的手枪"明星"。

人性化设计

P99 手枪的枪身采用聚合玻璃纤维制造，其强度与耐磨性均高于钢材，而且成本低廉，容易制造，不变形，重量轻。另外，P99 手枪的握把部分有三种尺寸可供选择，以满足不同手掌大小的使用者，这是一项极为人性化的设计。

品质精良

为了验证 P99 是否能经受住粗暴使用，有人曾将装有空包弹的手枪从近 4 米高的台上扔到地面，而后又浸入水中，再拿出来使用，结果手枪的各项功能均正常。

特工利刃

P99 手枪采用无击锤击发系统，射击反应灵敏，性能可靠。由于该枪可安装消音装置，使它能够更多地用于执行特种任务，所以深受各国特工的喜爱。

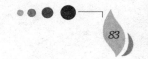

德国伯格曼 M1896 手枪

 格曼 M1896 自动手枪是伯格曼公司自主研制的枪型之一，该枪采用自由枪机式的自动方式，这是属于伯格曼的独创，这一独创在枪械发展史上占有重要的地位。

M1896 自动手枪的研制者西奥多·伯格曼是探索、研制自动手枪的先锋之一。1892 年，伯格曼在德国申请了一种关于后膛闭锁自动装填手枪的设计专利。1893 年，在他的主持下，伯格曼 M1893 自动手枪研制成功，经过改进，又研制出伯格曼 M1894 自动手枪，继而在 M1894 的基础上又推出了伯格曼 M1896 自动手枪。

独特设计

该枪的特点是，枪机和枪管完全没有扣合，只是靠枪机的质量和复进簧的张力关闭弹膛。该枪的保险是通过向上扳动保险杆实现的。保险杆是一个位于枪身左侧握把上方的弧形杆。当击锤后压到位时，向上扳动保险杆，便可将击锤锁定，实现保险。但是所有的伯格曼 M1896 自动手枪都有一个共同的缺点，即弹药的威力明显不足。

比利时 FZ 勃朗宁系列手枪

勃朗宁是世界著名的枪械设计大师，他一生中设计出了许多枪械。其中勃朗宁系列手枪堪称经典之作，直到 20 世纪 80 年代美国和其他一些国家的军队仍装备该系列手枪。

风雨历程

勃朗宁大威力手枪是世界上最著名的手枪之一，深受各国军警界的青睐。自问世以来，已走过了半个多世纪的风雨历程，特别是经受了两次世界大战的战火洗礼，通过了战争考验，可谓是久经战阵，百战扬名。作为第二次世界大战中与

勃朗宁大威力手枪是一支凭借自身的优良性能跻身世界名枪之列的手枪，它是手枪设计者勃朗宁的最后杰作。

M1911A1 式手枪齐名的大威力手枪，该枪的成功设计，充分发挥了士兵的近战火力，在战争中赢得了一致好评。

枪械发明家：勃朗宁

勃朗宁是世界著名的枪械设计大师和发明家，美国人，全名为约翰·摩西·勃朗宁（John Moses Browning），生于 1855 年，卒于 1926 年，享年 71 岁。勃朗宁一生孜孜不倦地在枪械设计这块土地上耕耘，成就辉煌。他设计成功的武器多达 35 种，从手枪到步枪，从冲锋枪到机枪，可以说囊括了各类枪械。

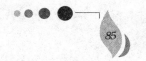
奥地利格洛克系列手枪

在 1980 年，格洛克系列手枪使格洛克公司名扬世界，这种"塑料"手枪以其独特的结构设计、大胆的材料运用、可靠的动作性能获得了人们的信任和好感。

创立于 1963 年的奥地利格洛克有限公司坐落于奥地利的瓦格拉姆布，世界上第一支大量使用工程塑料的格洛克 17 手枪是该公司的拳头产品。格洛克系列手枪投放市场还不足二十年，已经成为了四十多个国家的军队和警察的制式配枪，而且从 20 世纪 90 年代开始，世界各国的枪械制造公司纷纷效法该枪，在手枪中大量采用工程塑料部件。格洛克的整个枪身大部分是由工程塑料整体注塑成型的，只有一些枪身的关键部分才用钢增强，这样不但大量降低了生产成本，而且与其他零件的整体结合精度也大大提高。格洛克手枪在生产中严格采用先进的工艺，零部件允许的误差非常小。据说格洛克手枪刚被引进美国时，在某个枪展上曾做过一次公开测试：技术人员将 20 把格洛克 17 进行完全分解后的零件摆出来，由在场的一个观众随便挑选零件重新组合成一把枪，然后用这把枪当场射击了 2 万发子弹，整个过程一切顺利。当格洛克手枪正式进入美国警用武器市场时，钟情转轮手枪的德克萨斯州警察根本不喜欢大量采用工程塑料、没有敞露式击锤而且是自动装填枪弹的手枪，所以许多警察局几乎是以强迫的方式配发格洛克手枪的，但当使用了格洛克手枪后，这些警察很快就不由自主地喜爱上了这种新型手枪。

品牌特征

从格洛克 17 开始，格洛克公司陆续开发出不同口径、不同尺寸的一系列格洛克手枪，使格洛克手枪能够满足不同用户的使用要求，进一步扩大了市场占有份额。从该型号开始，双重互保装置成为格洛克系列手枪的品牌性特征。从 1997 年开始，格洛克推出全新枪形的手枪，除了在握把上增加人性化设计外，还参考了 HKUSP 的设计，在枪管下方的套筒座位置加上导轨，可安装光学瞄具或战术灯之类的配件。

风行美国警界

奥地利格洛克 22 式手枪可发射 10.16 毫米 S&W 手枪弹。由于对大威力手枪弹的兴趣已经冷落，而 10.16 毫米 S&W 弹则开始在美国警界风行，因此格洛克 22 目前风头正劲，受到美国警界的青睐而被大批量采购。许多警察都认为，格洛克 22 操作起来和转轮手枪一样简单，但重量更轻、火力持续性更强，且携弹量大，故广受称赞。

格洛克系列手枪有多种口径，如 9 毫米、10 毫米、11.43 毫米等，而且每种口径有许多不同型号，可以满足大多数人的需求。

由于格洛克的射击稳定性好，射击幅度小，射速高，子弹很快会被打光，所以格洛克公司研发了一种大容量的弹匣，在配置了"加号底座"后弹容可增加到 34 发。不过由于弹匣太长，为了方便携带，而重新更换了"加号底座"的标 7 发弹匣（增容后为 20 发）。

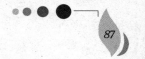

以色列"沙漠之鹰"手枪

目前，世界上没有哪种手枪比"沙漠之鹰"手枪的上镜率更高，同时它还是无数青少年在游戏中的首选武器。"沙漠之鹰"漂亮的外形和巨大的威力使得它深受枪械爱好者的推崇。

双向合作

大名鼎鼎的半自动手枪"沙漠之鹰"是以色列军事工业公司（IMI）的拳头产品，但该枪的最初设计是美国人在 20 世纪 80 年代初完成的。

IMI 公司为了避开美国政府对进口枪支的限制，就对销往美国的"沙漠之鹰"只生产零部件，运往美国后再由马格努姆公司进行镀铬、镀镍、镀金及抛光等表面处理，并对枪管进行精确加工后重新组装。"沙漠之鹰"手枪的多边形枪管是精锻而成的，并有多种长枪管可供选用。

美中不足

该枪可使用多种大威力枪弹，杀伤力堪比小口径步枪，有效射程为 200 米，为手枪之冠。

由于受到好莱坞大片的影响，"沙漠之鹰"在美国有很高的威望，但"沙漠之鹰"比普通手枪重得多也大得多，握把宽大，手小的使用者根本不能单手握枪射击；而且枪太重，即使双手握枪也很难长时间保持姿势与射击；尺寸太大，不便于隐蔽携带；而且后坐力也大得多，很难快速射击。因此，尽管它火力强大，足以一枪制敌，但多数射手都不会把它作为防身手枪的首选。

意大利伯莱塔 92F 手枪

意大利伯莱塔 92F 手枪堪称手枪中的经典。该枪设计独特，采用双排弹匣增大了容弹量，并且左右手都可以握持射击。伯莱塔 92F 手枪的设计引导了一代潮流，它是当之无愧的世界名枪。

选型冠军

伯莱塔 92F 式手枪是美国 1985 年第一次手枪换代选型试验时选中的，定名为 M9，1989 年第二次选型又选中该枪，更名为 M10。目前美军已全部装备此枪，替换了装备近半个世纪之久的 11.43 毫米柯尔特 M1911A1 手枪。该枪的握把由铝合金制成，减轻了重量；双排弹匣

伯莱塔 92F 是 92SB 的改进型，它采用新的塑料握把片，提高了耐用性。

容量达 15 发。其枪长 217 毫米，空枪重 0.96 千克，初速为 375 米/秒，有效射程为 50 米。

优良传统

1934 年，意大利伯莱塔公司在技术上采用与德国瓦尔特 P38 手枪同样的设计，推出了伯莱塔 1934 型手枪，该型枪已具有伯莱塔手枪的雏型风格。1945 年，意大利军队采用伯莱塔手枪作为制式配枪。1976 年，伯莱塔推出 M84 型手枪，此时，伯莱塔的风格已完全呈现出来——符合人体结构学设计的握把、击针保险、节套卡笋与节套固定锁采用分离式设计、单片式扳机及战斗表尺、双排弹匣、左右手皆可用的保险等。

意大利的莱塔 M93R 手枪

 莱塔 M93R 手枪是在 92F 的基础上加以改进和完善的新产品。其枪管下方安装的小握把是其外形的显著标志，该枪可以在单发射击和连发射击中自由切换，是手枪家族中不多见的一款著名手枪。

意大利伯莱塔 M93R 式手枪有特意加长的枪管，折叠的前握把，比 92F '容弹量更大的弹夹，有自动和点射的功能。M93R 手枪是目前市场上十分畅销的自动手枪。

伯莱塔 M93R 的枪口设计较为独特，主要是为了安装枪口消声器等附件。

品种丰富

M93R 共生产了三种型号，一代、二代和 AUT09。一代和二代的设计几乎是相同的，只有两点区别：一代的滑架相对重一点；二是消焰器的开口式样与二代的不同。AUT09 的其他设计与一代二代的 M93R 是一样的，只是在外观上 AUT09 大了好多。

品质提升

作为 92F 的改进型号，M93R 改善了 92F 的许多不足，比如威力不足、弹簧力弱，以及瞄准具的准确度不高、缺乏坚固性等问题。近年来，M93R 在欧美市场上的销量呈上升趋势，越来越受到市场的好评和使用者的赞誉。

瑞士西格－绍尔系列手枪

西格－绍尔手枪性能优良，设计小巧玲珑，是西格－绍尔公司的拳头产品。该枪问世之初，曾在军队选型中惜败于 92 型手枪，但"真金不怕火炼"最终该枪以优异的性能成为国家军队制式装备。

质优价廉

西格－绍尔系列手枪是由瑞士工业公司和德国公司共同合作研发的特种手枪。该型枪最大的特点是小巧玲珑，性能优良，弹匣容量大。

西格－绍尔 P220 手枪研制于 20 世纪 70 年代，目的是为了对 P210 进行更新换代。19220 是 P210 的提高型，比 P210 性能更完善，安全性与可靠性更高，并且可以说是价廉物美。在军警和民间市场都很受欢迎。P220 在 1975 年装备瑞士军队，军方编号为 M75。

最终采用

西格一绍尔 P228 手枪在 1988 年定型并上市，该枪是 P226 的小型化，但采用了双排弹匣。P228 与 P226 一起占领了西方较大部分的警用手枪市场。1992 年 4 月，P228 正式被美军采用，并命名为 M11 型紧凑型手枪，与 M9 一起成为美军的制式手枪，主要供宪兵和其他要求缩小手枪尺寸的人员使用。

后起之秀

西格一绍尔公司于 2002 年推出新一代手枪——SP2022。西格一绍尔 SP2022 拥有更薄的扳机，从而表现出相当精确的连续射击命中率。

捷克 CZ75 手枪

捷克 CZ75 手枪集中体现了捷克精良的制枪工艺，优良的机械性能和与人体力学的完美结合，使该枪成为世界许多枪械厂家竞相模仿的对象。

世界名枪

CZ75 手枪是乌赫尔斯基布罗德兵工厂（简称 CZ 公司）于 1975 年研制的，该枪是捷克第二次世界大战后研制的最优秀的手枪。GZ75 手枪采用双列供弹、双动击发设计，安全性极高，吸取了许多枪械设计的精华，成为"名枪榜样"。

最佳卫士

CZ75 手枪的握把设计符合人体功能学原理，具有良好的握枪手感。经测试，该枪在射击时具有优秀的平衡感与稳定度。CZ75 手枪被广大使用者评为"20 世纪最佳战斗手枪"。

风靡欧美

CZ75 手枪一经问世，便因其射击稳定、保养简便和价格低廉而风靡欧美，还被美国、意大利、瑞士等国家仿制，足见该枪的魅力。

著名兵工厂——CZ 公司

CZ 公司是捷克著名的枪械制造公司。20 世纪二三十年代是捷克轻武器工业最辉煌的时期，CZ 公司也是在那个时代迅速成长起来，成为与美国柯尔特、苏联 AK 和比利时 FN 等一样具有国际知名度的优秀枪械制造公司。

俄罗斯纳甘特
M1895 转轮手枪

纳甘特 M1895 转轮手枪生产于俄国沙皇时代，这款枪一直服役到 1950 年，是一种不同寻常的武器。

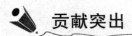

贡献突出

纳甘特 M1895 转轮手枪对世界武器史有着突出的贡献：该枪完全根除了绝大多数转轮手枪存在的供弹轮与枪管之间气压损失的缺点。当击锤竖起时，供弹轮被推向锥形枪管的末端，这样就可以使用长形的纳甘特弹药，并能在子弹的长度范围内控制它，使它在开火时获得全部压力以进入枪管。

正式采用

俄国沙皇政府于 1870 年向美国史密斯－韦森公司订购了 15 万支 11.18 毫米的史密斯－韦森 No.3 单动转轮手枪装备军队和警察，称为 M1870 转轮手枪。1895 年，正式采用比利时 7.62 毫米纳甘特转轮手枪作为军用与警用手枪，称为纳甘特 M1895 转轮手枪，并由图拉兵工厂生产。该枪的主要特点是采用气封式转轮，发射时转轮与枪管后端闭锁，能防止火药燃气泄漏。

步 枪

BUQIANG

美国 M14 式步枪

在 第二次世界大战中，美国军队配备的是 M1 式 7.62 毫米"伽兰德"半自动步枪。由于该枪的重量很大，弹仓容弹量又很小，所以美国军方提出要以一种新型的枪械来替换它以适应不断变化的战场形势。于是，M14 式步枪应运而生。

美国 M14 式步枪是 M1"伽兰德"步枪的换代型，同时也是世界上早期的全自动步枪之一。该枪使用 7.62 × 51 毫米子弹，容弹量比 M1"伽兰德"大，火力迅猛，命中精度较高，调整快慢机可实施半自动或全自动射击。M14 是按照战斗步枪的要求来设计的。M14 从 1963 年服役起，至今一直在使用，美国海军部队也一直使用该枪作为信号枪。

缺点促使进步

随着科技的进步，各种新式步兵武器的出现，M14 渐渐地落伍了。在越南战争中，M14 暴露出了众多缺点，如太长太重，不适合在又热又湿的环境中使用；快慢机有名无实，在连发时多属无意义的浪费弹药。而弹药威力太大，在点射时枪的跳动严重，使子弹散布面太大。美国军方在 M14 暴露出这些问题时就开始寻找新的替代品，最后选择了柯尔特/阿玛莱特的 AR – 15 5.56 毫米突击步枪，也就是后来的 M16。

宝刀不老

虽然如此，M14仍不失为一款可靠性好和威力强大的武器。钟情于它的人正是喜爱它的精度高、射程远和杀伤能力强。因此M14作为精确支援火力的角色仍活跃在战场上，一直没有彻底退出舞台。例如美国海军海豹突击队始终使用M14。特别是在山地、沙漠、海上或雪地这些环境下作战，M14可以提供远射程的精确火力。

在伊拉克战争中，美国第101空降突击师和第82空降师也在战场上重新启用了一批M14，与M16/M4搭配使用，而美国其他陆军部队也纷纷效仿。M14又再次活跃起来。

美中不足

虽然M14步枪发射的枪弹在2 000米外仍具有强大的杀伤目标的能力，但相对于突击步枪的战斗任务来说显然威力过大，尤其不适于短兵相接时的连发扫射，因而极大地影响了该枪的使用方向与适用部队。

相比于M14步枪，苏联在同一时期使用的突击步枪子弹是介于手枪弹和步枪弹之间的中间型枪弹，即口径不变，而弹头重，子弹装药量和全弹尺寸有所减小。作为世界闻名的AK-47突击步枪，在数十次局部战争中所表现出的可靠性、机动性、勤务性和经济性已得到世界公认，完全胜过M14步枪。这样，在第二次世界大战时期，美国步枪水平居于领先地位，但二战后苏联步枪则居于领先地位。

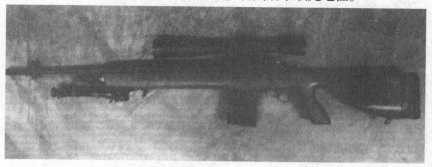
M14步枪具有精度高和射程远等优点。

美国 M16 系列突击步枪

在 世界十大著名步枪排行榜中，美国的 M16 突击步枪排名第二位。它外观时尚，设计精巧。该枪发射的枪弹比 AK47 还要小一号，它是 1967 年以来美国陆军使用的主要步兵武器，也被北约国家所使用，是同口径步枪中生产数量最多的步枪。

 ## 功能全面

美国柯尔特公司生产的 M16 步枪，开创了突击步枪小口径化的先河，它已有 40 年的服役史了。直到现在，M16 及其改型枪仍然在五十多个国家中被广泛采用。

M16 式自动步枪由美国著名的枪械设计师尤金 M·斯通纳设计。

 ## 全面列装

M16 系列步枪主要包括 M16 式、M16A1 式和 M16A2 式三种型号步枪。美军于 1964 年正式装备 M16 式步枪，它是第二次世界大战后美国换装的第二代步枪，也是世界上第一种正式列入部队装备的小口径步枪。经过改型的 M16A1 和 M16A2 式步枪，分别于 1969 年与 1984 年大量装备美军。M16 系列步枪除装备了美国武装部队外，还装备了澳大利亚、智利、多米尼加、海地、约旦、日本等 55 个国家和地区的武装部队。

美国 M4 系列卡宾枪

美国 M4 卡宾枪是继美国 M16 系列步枪之后的新一代卡宾枪。该枪于 1991 年的海湾战争中首次露面，该枪近战时突击威力强大，并且性能可靠，可以适应多种作战环境，是新一代卡宾枪中的佼佼者。

美国 M4 式 5.56 毫米步枪于 1991 年 3 月定型，它是 M16A2 式自动步枪的轻量型和缩短型。首先装备于美国第 82 空降师，1992 年第二季度正式列装。

实战经验

目前，M4A1 卡宾枪已大量装备美军特种部队及机械化部队。近年来，在一系列的局部战争中，M4A1 发挥了巨大的突击威力，为美军减小伤亡、发扬火力提供了前提。在 2003 年的伊拉克战争中，美国海军陆战队正是使用该枪快速突破了伊军的防线，得以向战略纵深挺进，因而该枪在战后广受好评。

装备精良

M4 的可加载附件包括 M203 榴弹发射器，M870 霰弹枪，FIRM 手把，弹容为 90 发子弹的 MWG 鼓型弹匣，并有 GG&G 公司专门研制的"城市武士"瞄准系统等。

美国巴雷特系列狙击步枪

超 远的射程、极高的精准度、强大的杀伤力，成就了美国巴雷特系列狙击步枪"重狙击步枪之王"的美誉。该枪也是一款"特殊用途狙击步枪"，能够有效摧毁雷达站、卡车、停放的战斗机等目标，因此也被称为"反器材步枪"。

正式装备

1990年10月，50毫米口径的巴雷特狙击枪被美国海军陆战队正式选用。用于对付远距离的单兵、掩体、车辆、设备、雷达及低空低速飞行的飞机等高价值的目标，爆炸器材处理分队也用M82A1来排雷。巴雷特M82A1已成为当今使用最广泛的大口径狙击步枪之一。

一展身手

在伊拉克战争中，大口径狙击步枪发挥了重大威力。一名美军狙击手曾在2千米以上的距离用巴雷特狙击枪射杀过数十名伊军士兵。海湾战争后，大口径狙击步枪充分引起了各国军队高度重视，并掀起开发生产的热潮。

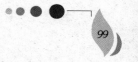

美国雷明 M870 – 1 式 12 号霰弹枪

1966 年美国海军陆战队对许多霰弹枪进行了对比试验，选中了雷明顿 870 式装备美军。装备美军雷明顿武器公司根据海军陆战队的要求，对 870 式霰弹枪作了一些改进，设计生产出了 M870 – 1 式霰弹枪。

雷明顿 M870 – 1 式 12 号霰弹枪是由美国雷明顿武器公司根据海军陆战队的要求对雷明顿 870 式霰弹枪作了一些改进而设计出来的。该枪已装备美国海军陆战队及警察部队，并向其他国家出口。

雷明顿 M870 – 1 式霰弹枪以雷明顿 870 式商用霰弹枪的工作原理为基础，采用推拉式枪机，带喉缩的枪管和管状弹匣，金属零件经过磷化或黑色阳极氧化处理，并配有光滑的塑料枪托。光滑的加长护木加工有手指沟槽，弹匣前端加工成阶梯形，可作为制式 M7 刺刀的环座，刺刀卡笋兼做背带环。该枪采用步枪瞄准具，由片状准星和可调缺口组成，发射 12 号霰弹。

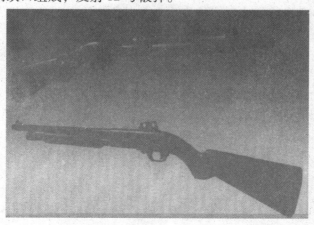

俄罗斯 AK – 47 突击步枪

俄 罗 AK – 47 突击步枪是俄罗斯枪械史上的经典之作，该枪以其超凡的性能赢得了广大士兵的喜爱，成为了一款生产数量最多，使用范围最广的世界著名枪械之一。

突击步枪之王

AK – 47 突击步枪是苏联著名枪械设计师卡拉什尼科夫设计的。自问世以来，AK – 47 以其强大的火力、可靠的性能、低廉的造价而风靡世界。据不完全统计，AK – 47 系列突击步枪已生产了数千万支，成为世界上当之无愧的突击步枪之王。AK – 47 步枪于 1946 年研制成功，1949 年装备部队。苏军摩托化步兵部队、空军和海军的警卫、勤务人员使用木制或塑料制固定枪托型，伞兵、坦克乘员和特种分队使用折叠金属枪托型。AK – 47 式突击步枪是装备国家与装备数量巨大的步枪，除苏联外，世界上还有三十多个国家的军队装备，有的还进行了仿制或特许生产。以色列的加利尔步枪、芬兰的瓦尔梅特步枪都是参照 AK – 47 设计的。

AK – 47 突击步枪动作可靠，勤务性好，尤其在风沙泥水中使用，性能优良、坚实耐用、故障率低，所以深得官兵的喜爱。无论是在越南战场还是在海湾战场，将埋在泥水和沙堆中的 AK – 47 挖出后，依旧能正常使用。

AK – 47 突击步枪的外观虽然漂亮华美，但对射击的环境要求很高。

俄罗斯 AK-74 突击步枪

俄罗斯 AK-74 突击步枪是 AK-47 突击步枪的改进型。正所谓"青出于蓝而胜于蓝"，AK-74 突击步枪在结构性能上要明显优于 AK-47 突击步枪，成为名枪典范。

影响深远

作为 AK-47 的改进型突击步枪，AK-745.45 毫米突击步枪于 1974 年 11 月 7 日在莫斯科红场阅兵式上首次露面。它是 1949 年装备的 AK-47 和 1959 年装备的 AKM 7.62 毫米突击步枪的改进型枪种。该枪有多种型号，包括标准型 AK-74、短管型 AKC74、冲锋枪型 AKC74Y 和改进型 AK-74M，已成为一个枪族。

毒蛇之牙

令人谈之色变的就是 AK-74 突击步枪发射的 5.45 毫米步枪弹，这种弹头一旦打入人体，当侵入仅 70 毫米时就开始翻滚，甚至破碎解体，所以尽管伤口的射入口很小，但伤口内部伤害巨大，使人体的损伤程度非常严重，被称为"毒弹头"。

AK-74 的枪托为木制固定枪托。底板上有黑色橡胶垫艘抵肩射击肘更稳定，而且有缓冲作用。

俄罗斯 SVDS 狙击步枪

罗斯 SVDS7.62 毫米狙击步枪于 1994 年定型，最初 SVDS 的原型有两种型号，一种是步兵型，枪管长 620 毫米；另一种是伞兵型，枪管长 565 毫米。不过军方最终只选择了伞兵型狙击步枪。

结构特点

SVDS7.62 毫米狙击步枪采用折叠枪托，由钢管焊接装配而成，向右折叠，枪托底板由增强塑料制成。整个枪托的构造非常结实，完全可以在徒手搏斗中使用。枪管较短，机匣下有手枪形握把，护木用玻璃纤维增强塑料制成。SVDS 的枪管下没有刺刀座，但通过专门的附件即可以加装刺刀。SVDS 和 SVD 一样，既可发射专用的狙击弹和曳光穿甲燃烧弹，也可发射常规的 7.62×54R 口径钢芯弹。

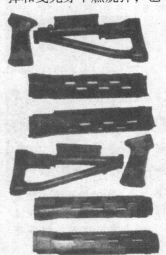

SVDS 枪管长 565 毫米，有 4 条右旋膛线，缠距 240 毫米。SVDS 的枪膛和弹膛都是镀铬的。枪口部有整体式的准星座和消焰制退器。

SVDS 的机匣盖由 0.7 毫米的钢板冲压而成。其活塞没有闭气槽，导气活塞的外径和导气管的内径分别为 10.5 毫米和 14 毫米。与 SVD 狙击步枪一样，SVDS 也采用标准的 PSO－1 狙击手瞄准镜。通过这个 4 倍瞄准镜能够射杀 1300 米远的地面目标。

俄罗斯德拉贡诺夫 SVD 狙击步枪

在 1963 年，苏联军队选中了由德拉贡诺夫设计的 SVD 狙击步枪代替莫辛 – 纳甘狙击步枪，该枪经过进一步改进，于 1967 年装备部队。

结构特点

德拉贡诺夫 SVD 狙击步枪的射击精度较高，该枪能够在恶劣的环境条件下工作，而且简单、轻巧、紧凑。

SVD 采用短行程活塞的设计，导气活塞单独位于活塞筒中，在火药燃气压力下向后运动，撞击机框使其后坐，这样可以降低活塞和活塞连杆运动时引起的重心偏移，从而提高射击精度。

SVD 的枪管前端有长 70 毫米的瓣形消焰器，有 5 个开槽，其中 3 个位于上部，2 个位于底部。SVD 发射的 7.62 × 54 毫米突缘弹，枪机机头经过重新设计，强化以承受高压。

为调整火药燃气的压力，SVD 导气管前端的气室安有一个气体调节器。SVD 的枪托设计是把一般的木质枪托握把的后方及枪托的大部份都镂空，既减重量，又能自然形成直形握把。后期生产的 SVD 的枪托采用玻璃纤维复合材料。SVD 配备的瞄准镜是 4 × 24 毫米的 PSO – 1 型瞄准镜。

德国 STG44 突击步枪

德国 STG44 突击步枪是德国继 MP40 冲锋枪、MG42 通用机枪后的又一经典之作，同时也是率先大规模装备使用短药筒的中间型威力枪弹的自动步枪，堪称现代步兵轻武器史上划时代的里程碑。

 ## 中间型威力枪弹

可以说，如果不能解决弹药问题，就无法解决自动步枪连发射击时控制精度的根本问题。1941 年，德国研制成功并开始生产 7.92×33 毫米步枪弹，弹壳长度减至 33 毫米，装药量减至每发子弹约 1.6 克的中间型威力子弹。德国研制的中间型威力枪弹彻底解决了控制自动步枪连发射击精度的问题。

 ## 设计缺陷

虽然 STG44 有令人瞩目的优点，但它也存在着尚待改进的地方。首先，STG44 在近距离射速较慢，因为使短药筒枪弹导致连续射击时候枪身跳动明显，较难控制。若是在 50 米射程内，STG44 就会处于劣势。其次，STG44 的射程有限，它的最大有效射程不超过 500 米，超过这个距离后其射击精度就无法保证。如果在远距离遇到了手持其他步枪的敌人，很难在短时间内将其杀伤。

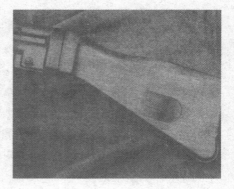

德国 HK G3 突击步枪

德国 HK 公司在 G3 突击步枪的基础上，通过局部的改进迅速地扩展出包括冲锋枪、轻机枪、狙击步枪在内的多种变型枪，使 HK G3 成为世界上变型枪最多的枪械之一。

20 世纪 50 年代，西班牙特种材料技术研究中心研制出一款名为 CETM 步枪的新型枪械，该枪能发射 7.92 毫米毛瑟步枪弹。1954 年，CTEME 步枪改为发射 7.62 毫米枪弹。1956 年联邦德国向西班牙订购 500 支 CTEME 步枪，但条件是这批枪要在德国的 HK 公司生产。

1957 年，德国经由部队测试 CETME 后决定装备该枪，1958 年，德国政府正式将 CTEME 的生产任务交给了。HK 公司，HK 公司根据测试部队的意见进行了改进，而改进后的步枪就是 HK G3 突击步枪。

使用广泛

1959 年 G3 突击步枪正式装备德国部队，20 世纪 60 年代，世界上共有八十多个国家购买了 G3 突击步枪，其中有十多个国家获得特许生产权，虽然在 20 世纪 70 年代，世界范围内涌起一股换装小口径步枪的风潮，但现在全世界仍有四十多个国家在使用 G3 突击步枪。

不断发展

HK G3 突击步枪为适应不同国家或市场的需求，出现了三种型号：固定枪托的 G3A3、伸缩枪托的 G3A4 和带瞄准镜的 G3A3ZF。

德国 HK G36 突击步枪

在 1990 年，HK 公司接受了西德联邦发展新武器的任务。该任务为设计一支重量轻，经济实用且使用传统设计理念的突击步枪，于是 G36 应运而生。

结构设计

G36 突击步枪采用了许多特殊设计，其瞄准具就是一个典型例子，该枪用准直式和望远式两套光学瞄准具代替了原来的机械瞄准具，使镜枪有机结合。尤其值得称赞的是，在 G36 加装夜视仪之后，便形成了一个潜望系统，从而使瞄准精度提高，同时还有效地降低了基准基线的高度，使其在瞄准方面具备了其他小口径步枪无法比拟的优势。

广阔前景

G36 突击步枪除装备德国联邦国防军外，西班牙军队也已经装备了该步枪，其他一些西方国家也正在对 G36 系列步枪的性能进行评估，考虑其是否适合装备本国军队。如今 G36K 已成功地大举进军特种部队和执法机构的武器市场。在美国，一些特警部队已装备了 G36K 步枪，而据英国报刊报道，英国警察在 2000 年就已经携带 G36K 执行任务了。

英国恩菲尔德 L85 系列突击步枪

恩菲尔德 L85 系列突击步枪是一种采用无托结构、精度高、杀伤力强的单兵作战武器。该枪口径小、重量轻结构紧凑，价格低、使用非常广泛。

被迫改型

恩菲尔德轻武器公司是英国主要的单兵武器系统供应商。

20 世纪 70 年代初，英国恩菲尔德轻武器厂就已奉命研制 4.85 毫米单兵突击武器，但此时北约国家及美国等已纷纷装备了 5.56 毫米小口径步枪，在 1980 年，英国无奈放弃 4.85 毫米口径步枪的研发，改为研发 5.56 毫米口径，并研制出相应的样枪。20 世纪 80 年代初，样枪 XL70E3 式交付英军试用。1985 年 10 月 2 日，英国陆军正式装备第一批步枪，称为恩菲尔德 SA80 式，不久正式定名为 L85A1 式 5.56 毫米单兵武器，即 L85A1 式 5.56 毫米突击步枪。

喜忧参半

L85A1 突击步枪沿用无托结构，即机匣为枪托，同时采用了自动机后移至普通枪托所处的位置，而发射机构前移到弹匣之前成功地使全枪长度缩短。L85A1 枪管长 520 毫米，与美国 M16A2 的枪管长度相当，但全枪长却只有 785 毫米，而 M16A2 全枪长却达到了约 1 000 毫米。无托枪的其他好处是尺寸小，士兵携行方便，尤适于在狭小空间使用，十分适宜机械化步兵装备，具有短小灵活的优点。该型枪的一大缺点是只能抵右肩射击，而这一缺点也是由于英军中无左撇子射手造成的。

设计独特

L85A1 步枪是导气式、活塞短行程和闭膛待击的自动武器，采用枪机回转式闭锁，发射 5.56×4.5 毫米北约制式枪弹。与其他突击步枪不同，其枪机框运动的导轨不是在机匣上，而是在两根导杆上，而与之组合的中间的第三根杆才是复进簧导杆。机柄槽有防尘盖，拉机柄位于枪的左侧，当机框后坐时可以自动打开。气体调节器上有 3 个位置：通常用正常孔；大气孔用于因圬垢、寒冷和弹药能量不足等一系列引起武器射击困难的恶劣环境下；关闭气孔则可发射枪榴弹。扳机位于弹匣的前方，有一个较长的扳机连杆通向后方。快慢机在下机匣的弹匣插口上方，有保险、半自动、全自动 3 个位置供选择。

难孚众望

在沙漠恶劣的气候条件下，任何轻武器都要相应地出现机械故障。但伊拉克部队使用的 AK - 47/74 步枪在这种风沙条件下却很少发生故障。该枪经常出现射击中断等问题，英国陆军为此不得不修改多次试验过的战术规范，以防止 L85A1 可能在战斗中出现的问题。据说英军为防止枪支出现故障，许多士兵都用橡胶套紧紧扎住枪口，以防风沙侵入。

枪管节套和枪机的闭锁突笋经过都重新设计，进行了改进。机管经过改进后能解决容易过热的问题。

英国 AW 系列狙击步枪

英 国 AW 狙击步枪是英国国际精密设备有限公司的杰作。它是在 L96A1 步枪的基础上改进而成的，于 20 世纪 80 年代末问世。AW 系列狙击步枪造型非常独特、性能可靠、质量适中、精度高。

 ## 应运而生

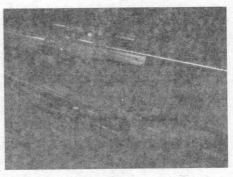

英阿马岛之战中，阿军配备的狙击步枪无论在质量还是可靠性方面均强过英军。故此战后英军迫切寻求高精度的新型狙击步枪，其要求是无论枪管清洁与否都要首发命中。英军通过对好几种型号狙击步枪的筛选试验，最后选中了英国国际精密仪器公司的 PM 狙击步枪（意为精确竞赛枪）。该枪又称 AW（意为北极作战）。

 ## 北极作战

AW 系列狙击枪有步兵型、警用型和"隐形 AW"三种，其中步兵型在 1986 年装备英军，定名为 L96A1 式狙击步枪。该型狙击步枪的主要特点是：枪管由不锈钢精锻制成，长 660 毫米，螺接在超长的机匣正面，可在枪托内自由浮动，在保证射击精度的情况下，使用寿命达 5000 发；即使枪里进水结成冰，自动机也不会冻结，射手仍可以完成装填并射击。

# 瑞士 SIG SG552 突击步枪

瑞士 SIG SG552 突击步枪是瑞士特警部队为加强自身警械的打击威力而委托 SIG 公司研制的一款新型步枪。该步枪的长度与现代冲锋枪的长度相当，在实战中有着高机动的优点。

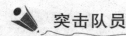## 突击队员

作为当今世界的超短型突击步枪，绰号"突击队员"的 SG552 突击步枪自问世以来就大受欢迎，尤其适于近战。SG552 突击步枪折叠枪托后，枪长仅有 504 毫米。它的重心后移从而方便了控制和提高射击精度。SG552 沿用 AK 步枪类型的长行程活塞系统，枪机、活塞以焊接方式结合在一起，拉柄自成一件。它的握把、护手皆为硬质聚合塑料制成，枪托为折叠式强化橡胶制枪托，能承受住猛烈地撞击。

百发百中

该枪的最大特点是配备光学瞄准镜，可快速追瞄，在百米射程内百发百中，俨然是近程狙击步枪。它以近战为主，在战斗中通常与其他枪型混合编配，以弥补火力间隙。

艺术精品

瑞士 SIG SG552 步枪，深受武器爱好者的喜爱，它外表超酷，对于兵器发烧友具有很高的吸引力。可以说 SIG SG552 突击步枪是威力与艺术的完美。

奥地利施泰尔
AUG 突击步枪

 地利施泰尔 AUG 突击步枪的研发是为了替换当时奥地利军方采用的 FN FAL 自动步枪。该枪精度要高于比利时的 FN FAL 步枪，重量要比美国的 M16 步枪轻，长度和现代冲锋枪相仿，并且能够适应各种环境下的作战需求。

 ## 风靡世界

AUG 步枪于 1972 年定型，1977 年装备部队。它是世界上最早出现的无托枪之一，曾被沙特、阿曼军队使用于 1991 年的海湾战争，经受住了严酷的实战考验。

 ## 优缺比较

作为一支结构紧凑、携带方便的无托步枪，该枪在近年来可以说是风头正劲。从精度来看，AUG 结构配合紧密，活动间隙小，开闭锁撞击轻，自动机运行平稳，精锻枪管射击精度好，加之操作方便，单发射击精度高，点射精度也相当不错。但是，AUG 除有无托枪的共性缺点外，它还有连发后易造成弹丸偏离目标，风沙、泅渡中故障太多，严寒条件下机构阻力加大和塑料件易于断裂等缺点。

法国 FAMAS 突击步枪

法国 FAMAS 突击步枪是由法国 GIAT 集团研制的一款新型自动步枪，目的是为了取代当时一部分已经过时的轻机枪。该枪结构独具特色，采用无托结构，枪身短小，机动动性强，适合多种环境作战。

 ## 结构特点

法国 FAMAS 步枪，是继美国 M16 自动步枪之后出现的第一种无托型小口径步枪。它于 1967 年开始研制，20 世纪 80 年代初开始装备部队。FAMAS 除标准型以外，还有 NAS 出口型、MAS 民用型、MAS 突击队型。法国 FAMAS 步枪曾参加海湾战争，经受了考验。FAMAS 步枪可发

FAMAS 不需要加装附件即可发射枪榴弹，包括皮坦克弹、反器材弹、人员杀伤弹、烟雾弹及摧泪弹。

射美国 5.56 毫米 M193 弹，也可发射北约 5.56 毫米 SS109 制式弹。该枪枪管长达 488 毫米，全枪重 3.61 千克，有效射程约 300 米。

 ## 优劣之处

FAMAS 最显著的优点是准确性极高，且在射击时后坐力很小，同时能明显感觉到消焰器喷出的燃气，这源于它的无托结构，使枪口距离较近；也正是因为如此，所以其枪口噪声极大。抛壳时，空弹壳都会被抛得很远，可达 10～20 米远。

冲锋枪

CHONGFENGQIANG

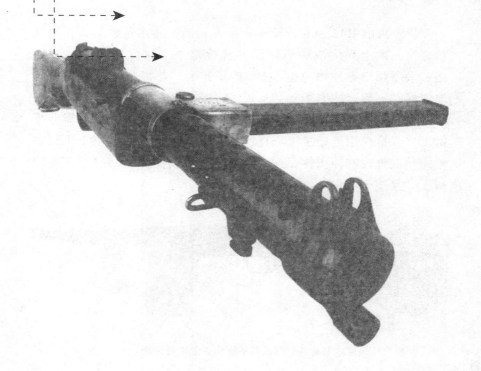

美国联合防御 M42 型冲锋枪

联合防御 M42 型冲锋枪是在第二次世界大战爆发前夕由美国高标准公司的创始人卡尔·斯威比利斯设计的，并由美国马林兵器公司为联合防务供应公司制造，大约生产了 15000 支。

联合防御 M42 型冲锋枪原名为 UD M1941 式冲锋枪，因为这款枪在 1942 年正式投产，后来改名为 UDM42。

独特风采

联合防御 M42 型冲锋枪生产成本较高，生产量也不大，但绝对是第二次世界大战中较好的冲锋枪之一。这款冲锋枪的特点是：采用汤姆逊冲锋枪缩小型 20 发弹匣，并将两个弹匣背靠背地焊接在一起，使它们形成一个弹容量 40 发的弹匣，但只能将第一弹匣的子弹打空后，翻转过来，再插上第二个弹匣才能继续射击。该枪采用运动步枪枪托，装有前握把，快慢机位于机匣右侧，整支枪没有冲压件，加工精良，机械动作可靠，射击精度较高，并且便于操作。

M42 型冲锋枪采用木制枪托，前面装的握把也是木质结构。

美国柯尔特9毫米冲锋枪

柯尔特9毫米冲锋枪由美国柯尔特公司制造，是一种具有 AR－15 外形，但采用后座作用、闭锁式枪机设计运作的冲锋枪。目前，柯尔特9毫米冲锋枪服役于美国执法机构和海军陆战队，其他一些国家也装备有这种枪。

柯尔特9毫米冲锋枪采用半自动枪机式工作原理，闭膛待击，可单发，也可连发。它还具有结构紧凑、操作轻便、射击精度高等特点。柯尔特9毫米冲锋枪采用直托缓冲系统，使得枪的后坐力减小。

设计特点

柯尔特9毫米冲锋枪在设计上采用直线式结构，枪管、枪机、后坐缓冲装置和伸缩式管状枪托成直线配置，枪弹击发后，后坐力直接作用于射手的肩上，使枪口跳动减小，射击精度提高。机匣用铝合金制成，其上安装有提把。前护木用塑料制成，上下护木上有多圈环槽。该枪配有空仓挂机机构，枪口装有消焰器。柯尔特9毫米冲锋枪可发9毫米帕拉贝鲁姆手枪弹，并配有20发或32发直弹匣。扳机护圈可向下打开，这样便于射手戴手套时扣压扳机。

美国卡利科 M960A 式冲锋枪

美国 M960A 式冲锋枪是由美国卡利科枪械公司于 1989 年开始研制的。目前，世界上已有 17 个国家使用 M960A 式冲锋枪。

M960A 式冲锋枪采用半自由枪机式工作原理，借助枪机两侧的滚柱延迟枪机后坐，闭膛待击。M960A 式冲锋枪采用容弹量较大的螺旋弹匣供弹，有 50 发和 100 发两种。

M960A 式冲锋枪具有结构紧凑、质量小、射击精度高、使用寿命长等优点。其采用伸缩式金属枪托，使全枪结构显得更为紧凑，枪身长度和质量也比其他许多冲锋枪要小。弹匣位于枪的后上方，全枪重心落在握把上方，因此平衡性较好，单手射击时较平稳。M960A 式冲锋枪采用优质材料制造零部件，并通过各种处理提高其使用寿命。

此外，M960A 式冲锋枪的抛壳方向朝下，并装有弹壳收集器，向下抛壳不会伤及他人。M960A 式配备的弹壳收集器容量为 150 个，这样就避免了灼热弹壳可能造成的各种伤害，而且 M960A 式冲锋枪便于在车内射击，从而增强了射击隐蔽性。

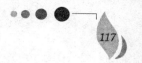

美国汤普森 M3 式冲锋枪

在 1942 年 10 月，美国陆军技术部正式推出了新型冲锋枪的开发计划，由此开发出的新型冲锋枪便是 M3 式冲锋枪。因射击时易于控制，该枪很快就得到了美军士兵们的喜爱。

M3 式冲锋枪手动式防尘盖内侧的突起能起到固定枪机的保险作用。M3 式冲锋枪的枪管是通过接套固定在机匣前端的，接套表面刻有防滑纹路，在没有专用工具的情况下可直接用手转动接套卸下枪管。

性能优越

M3 式冲锋枪出色的生产性能使其成为一种易于大量生产的冲锋枪，并且 M3 式冲锋枪的武器性能也很出色，它较慢的射速使之具备了在射击中易于控制的优点。1944 年，美国军方发现 M3 式的曲柄是其主要不足之处，首发装填机柄由于磨损，不便使用。因此美国陆军决定重新设计，对所有需要改进的部位都进行了改进。1943 年初，这一新型 M3 式冲锋枪的设计计划正式启动。根据美国陆军技术部门的要求，通用汽车公司在 1944 年设计了 M3E1 冲锋枪。M3E1 冲锋枪在美国陆军内部接受了实验，1944 年 12 月正式选定为美军制式武器，其制式名称为"M3A1 式冲锋枪"。

德国 MP 系列冲锋枪

德国 MP 系列冲锋枪是德国在第二次世界大战期间最有名的冲锋枪之一，该枪性能优越，对后来冲锋枪的设计风格和设计理念都产生了深远的影响。

闪电冲锋

作为二战期间德国最有名的冲锋枪，MP 系列冲锋枪，以其优秀的产品性能，赢得了良好的口碑。MP38 可说是最早的"现代冲锋枪"，它的设计风格成为当时许多设计师争相学习、模仿的对象。在德国"闪电战"纵横欧洲时，英法联军与苏联红军均见识到了它的勇猛冲击，使之名冠当时。MP40 冲锋枪是在。MP38 基础上又加以改进的性能卓越的冲锋枪。因其各种性能均较 MP38 更胜一筹，因而在二战后期广受欢迎，成为战场明星。

影响深远

在诺曼底登陆战役中，盟军缴获了大量的 MP 系列冲锋枪。尽管汤普森冲锋枪性能优秀，但仍有许多盟军士兵选择使用 MP40 冲锋枪，这从一个侧面也反映了 MP 系列冲锋枪设计的成功之处。事实上，该枪的设计风格影响深远，二战以后，世界冲锋枪的设计方向与设计风格几乎均受到了该枪的影响。

德国 HK MP5 系列冲锋枪

德 国 MP5 系列冲锋枪是由德国 HK 公司研制生产的微型武器。该枪结构简单、易用、维修方便，性能可靠，火力强大，如今已经被世界许多国家的军队广泛采用。

1966 年秋，前西德国境警备队将试用的 MP·HK54 命名为 MP5 冲锋枪。这个试用的名称就这样沿用至今。同年瑞士警察也采用了 MP5，成为第一个德国以外采用 MP5 的国家。

反恐精英

由德国 HK 公司研制生产的 MP5 系列冲锋枪，是当今世界上威名显赫的冲锋枪，它火力迅猛且有极高的精

HK MP5 冲锋枪的枪管前方增加了三片式的卡笋，用以安装消声器、消焰器之类的各种枪口附件。

确度，这使它成为反恐部队及营救人质小组的首选武器。它的出镜率极高，从某种程度上说，MP5 系列冲锋枪已经成为了反恐力量的一种象征，拥有极高的威慑力，受到广泛的好评。

改良精品

HK 公司于 1970 年推出了 MP5 的改进型 MP5A2 和 MP5A3。外形上，MP5 与 MP5A2 和 MP5A3 相似，但后两者采用了浮置式枪管，MP5A2 安装了固定塑料枪托，MP5A3 则为伸缩式金属枪托。1985 年 HK 公司相继推出了 MP5A4 和 MP5A5，采用了非常舒适的大型塑料护木。

德国 MP43 冲锋枪

德国 MP43 式 7.92 毫米冲锋枪是在第二次世界大战末期开始大量生产的冲锋枪，也是世界上最先使用中间型枪弹的冲锋枪。其原型枪为 MKb42（H）式步枪，经过改进后将其命名为 MP43 式冲锋枪。

成功之处

德国设计师根据实战中战场对于火力的需求和士兵携带弹药的体力上限，以及持续作战的需要，选择了 30 发弧形弹匣。至今，美国的 M16 冲锋枪和俄罗斯的 AK 系列冲锋枪依然采用 30 发弹匣。

备受好评

与原型枪相比，MP43 为适应大批量生产进行了一些改进。首先取消了刺刀的安装位置，枪榴弹的发射装置也可以拆卸。另外，枪的活塞筒变短，枪机把手的形状也进行了改进。此外，MP43 还有一种改型——MP43I 型，该枪的枪榴弹发射器改为弹簧式固定，枪的准星位置向后移一段距离。

改进后的 MP43 在选择单发射击时处于闭膛待击状态，这样可以达到精确射击。MP43 在战场上的出色表现，使它受到了前线部队的广泛好评。

德国 MP5K 冲锋枪

德国 MP5K 是 1976 年由 HK 公司推出的短枪管冲锋枪。该枪火力猛烈，携带隐蔽，目前被德国和许多国家的特种部队、警察机构装备。

结构装置

MPSK 系列冲锋枪的外形结构与 MP5 冲锋枪不同，但其工作原理及闭锁机构是相同的。MP5 冲锋枪这种枪机虽然存在零件多、成本高的缺点，但后退的枪机速度缓慢，所以无须改用强力的复进簧，而且小型化后的 MP5K 仍保持着较高的命中率。

MPSK 系列冲锋枪无枪托，枪管也被缩短。在枪管下方增加了垂直小握把，小握把前方还设有一个向下延伸的凸块。这些设计特点使得该系列枪支特别适合特警和反恐人员使用，可双手持枪射击，也可以用单手射击。

多种型号

MP5K 系列冲锋枪有 MP5K、MP5KA1、MPSKA4 等几种型号。MPSK 的表尺射程固定在 25 米，但为了归零校正而仍为旋转式。为了便于携带，又推出了只安装小型固定式片形准星和照门的 MP5KA1，并设计制造了 15 发的小容量弹匣。后来 HK 又推出了装有 3 发点射机构的 MPSKA4 和 A5，不过就缺少了 MP5KA2 和 A3 这两个编号的产品。由于瞄准具的不同，转鼓式觇孔的 MPSK 和 MP5KA4 有效射程为 260 米，而具有简易片形瞄具的 MP5KA1 和 MP5KA5 的有效射程为 190 米。

德国伯格曼 MP18 冲锋枪

德国 MP18 冲锋枪是世界上第一支真正意义上的冲锋枪。这款枪是德国著名军械设计师施迈瑟于 1918 年设计的，并由伯格曼军工厂进行生产制造。

一战后期，德军将领胡蒂尔为了打破堑壕战的僵局，首创步兵渗透战术。经过特种训练的德军突击队跟随延伸的炮火从敌军防线薄弱处渗透，避开坚固要塞，不与守军纠缠，而迅速向纵深穿插，破坏敌军的指挥系统和炮兵阵地。这种战术要求突击队员具有良好的机动性和猛烈的火力，笨重的毛瑟步枪已无法满足作战需求了，于是冲锋枪便在此时应运而生。

冲锋枪是一种使用手枪子弹的自动武器，虽然射程近、精度不高，但它适合单兵使用，并且具有较猛烈的火力，所以迅速装备了德国军队。后来《凡尔赛条约》规定：禁止德国军队拥有 MP18，所以在战后几年 MP18 只能装备德国的警察部队。

德国 MP7 冲锋枪

**德**国 MP7 冲锋枪于 1999 年正式亮相，原名为"单兵自卫武器"，在世界轻武器市场备受关注，销量较好。

性能优越

MP7 冲锋枪野外分解组合都很方便，全枪仅由 3 个销钉固定，只要有枪弹作为"工具"，用弹尖顶出固定上、下机匣和枪托组件的固定销即可分解擦拭。MP7 的人机工效较好，在结构设计上十分注重可操作性，快慢机、弹匣扣、枪机保险等均能左右手操作，除更换弹匣外，整个操枪射击过程完全可以由单手完成。MP7 冲锋枪体积小、质量轻。MP7 配用 4.6×30 毫米枪弹，弹道低伸，具有很强的穿透能力。在 100 米射程上，标准弹头可以穿透 CRISAT 标准靶板及靶后 150 毫米厚的军用明胶块。在距离 200 米处可穿透 CRISAT 靶板。

枪体介绍

MP7 冲锋枪枪托为伸缩式，最大伸长长度为 195 毫米。快慢机有 3 个位置，单发、连发和保险位置。前方小握把可折叠，其内侧有可移动的卡销。在机匣上方安装了较长的皮卡汀尼导轨，小握把右侧也加装了较短的皮卡汀尼导轨，可以用于安装瞄准镜、激光指示器、战术灯等附件。

德国瓦尔特
MPL/MPK 冲锋枪

德 国 MP 是德文"冲锋枪"的缩写，该枪族有两种型号：MPL 和 MPL。MPL 和 MPK 的主要区别是枪管和枪管套的长度不同。瓦尔特 MPL 和 MPK 冲锋枪于 1963 年定型和投产，至 1987 年停产。

设计优势

枪机的形状呈"L"形，其上部重量较大，并向前延伸至枪管上方，起到机框的作用，内部还留有容纳枪机导杆的通孔，弹底窝平面则位于枪机下部。该枪机采用较短的机匣，使全枪设计紧凑。另外，枪机两侧还设有纵槽，可容纳灰尘和油泥等物质，从而保证了枪机在各种恶劣条件下动作的可靠性。

关于阻铁

阻铁上有一个椭圆形的孔，阻铁轴穿过其中，所以阻铁可以前后移动。在阻铁簧的作用下，阻铁后端总是向后上方移动，而扳机则主要向前上方运动。扳机的上方是扳机连杆，其前端控制不到位保险，后端控制阻铁。

枪在非待发状态时，阻铁仅受阻铁簧力的作用而向后。但当枪处于待发状态时，因为阻铁簧力小于复进簧力，所以复进簧通过枪机将阻铁推向前方。扣压扳机使枪机解脱后，阻铁后端便又只受到阻铁簧力的作用而向后上方移动，等待枪机再次复进时将枪机挂住。

俄罗斯 PPSh41 冲锋枪

第 二次世界大战时，苏联经济遭受了严重打击，这种情况下结构简单、火力强大，成本低廉的 PPSh41 冲锋枪应运而生并被大量生产，以应对战争的需求。

俄罗斯 PPSh41 冲锋枪是由苏联著名轻武器设计师斯帕金设计的。该枪经过 1940 年末至 1941 年初的全面部队试验后，于 1941 年正式装备苏军。

斯帕金运用一些新型生产工艺，于 1940 年 9 月设计出一种新式冲锋枪。经过 2 个月的试验和与 PPD 的竞争，斯帕金设计的武器最终获胜。1940 年 12 月 21 日，苏联国防委员会正式采用斯帕金冲锋枪，并将其命名为 "PPSh41"。该枪的诞生距苏联卫国战争的开始仅仅有 6 个月。

特殊的设计结构

PPSh41 冲锋枪的结构特点是，大部分零部件都由钢板冲压、焊接、铆接制成，结构简单，工艺性较好，理论射速和射击精度都较高。该枪采用自由枪机式工作原理，开膛待击。枪管膛内镀铬，枪管护筒的前端超出枪口并稍微向下倾斜，具有防止枪口上跳和制退的作用。机匣、枪管护筒都用厚钢板冲压制成，具有容易加工和成本低廉的优点。

实践证明，PPSh41 是一款出色的冲锋枪，它成为第二次世界大战中苏联的主要作战武器，以至于现在在世界的一些热点地区仍能看到它的身影。

俄罗斯 AKS－74U 冲锋枪

俄罗斯 AKS－74U 是由苏联枪械设计师卡拉斯尼科夫在 AK74 步枪的基础上改进而成的，由苏联国家兵工厂制造，1974 年定型生产，1977 年装备部队。

战术用途

　　AKS－74U 主要用于装备特种小分队、空降部队、工兵、通信兵、炮兵、车辆驾驶员、飞机机组成员、导弹部队及执法机构的特种部队。虽然 AKS－74U 的表尺射程有 500 米，但其实际使用射程通常在 200 米内，因此 AKS－74U 在战术用途上相当于冲锋枪，只是它所使用的步枪弹的威力和有效射程要比手枪弹大罢了。

结构特点

　　AKS－74U 冲锋枪最大的特点就是枪管较短，所以枪口初速降低，射程缩短，是一种近距离自卫武器。AKS－74U 配备的是一种 20 发容弹量的弹匣。AKS－74U 的枪口处安装了消焰器和气体膨胀室装置，大型膨胀室的作用是使未充分燃烧的火药燃气得以充分膨胀，以减少枪口火焰。但由于这种枪口装置没有制退作用，再加上 AKS－74U 冲锋枪的射速较高，因此枪的射击后坐力有所增加。

俄罗斯 PP–19 "野牛"、PP–90M1 冲锋植

俄罗斯 PP–19 "野牛"是在 AK74 和 AK100 系列突击步枪的基础上改进而成的，为多口径冲锋枪。野牛冲锋枪的发射机构几乎直接照搬了 AK74M 的枪机模式，形状和结构与 AK 相同，不过野牛冲锋枪并未采用 AK 冲锋枪的导气式原理，而是采用常规的自由枪机式工作原理。

简形弹匣

"野牛"的弹筒安装在手枪握把前端和枪管的下方，为黑色螺旋弹匣，64发容量的复合材料制作的筒形弹夹成为该机最引人注目的地方，弹匣本身可充当护木，不但重心位置适当，而且在持续射击后还可以起到隔热作用。

全新设计

PP–90M1 冲锋枪是一款全新设计的武器，外形与 PP–19 相似。采用自由枪机式工作原理，枪身大量采用工程塑料件。除向上折叠的枪托采用钢板冲压外，其余主体均由塑料制成。

PP–90M1 设计特别，枪管下方的大容量弹筒，容弹量可达 64发，采用螺旋供弹方式，它也可使 PP–90M1 的火力持续性大为增强。塑料制成的螺旋弹筒大大减轻了枪身的重量，盒形弹匣由金属制成，因此 PP–90M1 重量较轻，外形尺寸也相对较小。

英国兰彻斯特冲锋枪

如果有人问："英国的第一支冲锋枪是哪支？"恐怕大多数轻武器爱好者都回答是司登冲锋枪。其实兰彻斯持冲锋枪略早于司登冲锋枪装备英军，是英军史上的第一支本土冲锋枪，当时研发它的主要的目的是抵御有可能入侵英国机场的德国空降兵。

本土冲锋枪

兰彻斯特冲锋枪是一款工艺精良、价格昂贵的武器。它是在敦刻尔克大撤退之后，由斯特令武器公司的乔治·兰彻斯特以德国的伯格曼 MP28 为原型，专门为英国皇家空军和海军设计的。不同的是伯格曼使用的是毛瑟 98K

兰彻斯特冲锋枪是英军史上的第一支本土冲锋枪，当时主要用于抵御可能入侵英国机场的德国空降兵。

型弹匣，而兰彻斯特使用的是李·埃菲尔德式的短弹匣，同时还加有刺刀配件。另外，兰彻斯特装配的是坚固的黄铜弹仓壳，从枪托到闭锁装置所选用的材料及加工工艺都让人十分满意。这款冲锋枪的使用性能非常好，是枪械爱好者所钟爱的武器之一。

到20世纪80年代，绝大多数的兰彻斯特冲锋枪宣告报废并销毁，只有少数样品作为参考之用，陈列在博物馆里。

英国司登式冲锋枪

第二次世界大战初期，英联邦军队没有装备制式冲锋枪，面对拥有大量自动化轻武器的德军部队，在单兵火力上只能甘拜下风。英联邦军队亟需一种新式武器，于是，司登式冲锋枪应运而生。

新式武器

英国司登式冲锋枪是在德国MP40型冲锋枪的基础上研制成功的一款新式冲锋枪。这款冲锋枪由谢菲尔德和特尔宾两位设计师合作设计而成，并在英国著名的恩菲尔德兵工厂投入生产。

司登式冲锋枪设计简单、造价低廉，非常适合于在战时大量生产。它采用国际通用的9毫米帕拉贝鲁姆弹药，弹匣可以与德军MP40型冲锋枪通用。从1941年中到1945年末，英国、加拿大和澳大利亚总共生产了超过400万支司登式冲锋枪，被英联邦军队广泛地应用于第二次世界大战中后期的数次战争中。

实战应用

司登式冲锋枪最早用于实战是在1942年8月的迪耶普奇袭战中。到1944年6月诺曼底登陆时，该枪已成为英国联邦军队的标准制式冲锋枪。

以色列"乌兹"冲锋枪

以色列"乌兹"冲锋枪是以色列军事工业公司研制的一种轻型冲锋枪，在历次战争中，都发挥了极强的威力。"乌兹"冲锋枪是以色列复国的象征。

"乌兹"冲锋枪是以色列军人乌兹·盖尔于 1949 年研发成功的轻型武器。1951 年以色列开始批量生产，1954 年全面列装以色列军队。

"乌兹"冲锋枪适用于任何环境下的近战，且价格低廉、射速快，因此许多发展中国家装备了"乌兹"冲锋枪。

安全卫士

"乌兹"冲锋枪外形小巧精悍，结构简单，方便拆装和携带；可靠性高，扔进水里、埋进沙里，甚至从高空扔下，它都依然能正常射击。在 1956 年的中东战争中，"乌兹"冲锋枪被大量使用并表现优秀，此后世界上很多国家仿制和装备了"乌兹"冲锋枪。

一战成名

在一次反劫机行动中，以色列"哈贝雷"特种部队队员使用"乌兹"冲锋枪，在飞驰的车上扫清外围恐饰分子后，随即在 45 秒钟内击毙全部劫机恐怖分子，而特种部队却无一受伤。这不但让"哈贝雷"特种部队成了世界瞩目的焦点，更展示了"乌兹"冲锋枪的超强实力。

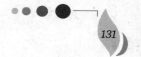
比利时 FN P90 冲锋枪

比利时 FN P90 冲锋枪是比利时在 1994 年推出的小型军用冲锋枪。FN 公司最初将该枪以个人防卫武器的名称推出市场，而现在却成为了特种部队的武器。FN P90 也是世界上第一款个人防卫武器。

迅速捕捉

比利时的 FN 公司仅把 P90 冲锋枪命名为单兵自卫武器，这大大低估了此枪的实战效能。该武器虽然动能一般，但在 200 米最远射程上的多发命中率极高，而且 P90 弹匣容量大，加上 900 发/分的射速，可以让使用者能够轻松地应对各种险情，使弹匣更换次数降至最低。P90 因初速高，后坐力适中，弹匣容量大而畅销枪械市场。到目前为止，该冲锋枪已制造了数万支，成为现今性能最佳的军用冲锋枪之一。

P90 冲锋枪使用的瞄准具主要是光学瞄准镜，这是一种昼夜功能俱佳的瞄准镜，可以迅速捕捉到目标。使用者左右手均可操作射击。P90 两侧分别设有机械瞄准具和拉机柄。抛壳窗位于机匣下方，可确保射击时不会因抛壳伤害使用者。

世界影响

目前，科威特、阿曼和沙特阿拉伯均装备了 P90，美国特种部队也对 P90 情有独钟，将来可能用 P90 来换装 M9、M11 等手枪和 MP5 冲锋枪。但原来预期中的最大客户——北约各国的预备役战斗部队却直到目前也未装备 P90。

丹麦麦德森9毫米系列冲锋枪

在 第二次世界大战之后，丹麦麦德森公司生产了一系列9毫米冲锋枪，包括 M46 式、M50 式、M53 式和 MK Ⅱ 式共 4 种型号。该系列冲锋枪用于装备丹麦警察部队，并向南美和东南亚一些国家出口。

性能结构

麦德森系列 9 毫米冲锋枪结构简单，加工方便，成本较低。该系列冲锋枪采用自由枪机式工作原理，前冲击发。只有当枪弹入膛后，枪弹底火才与枪机上的固定击针对正。在击发过程中，枪机和枪弹仍继续向前复进，从而可利用枪机的前冲惯性抵消一部分火药气体压力冲量，避免枪后坐过猛。

该枪的各种型号的结构基本相同，都由机匣、枪管、枪机、复进簧、发射机构、保险机、弹匣和框形折叠枪托组成。该枪采用 32 发弧形弹匣和直弹匣供弹，手装弹较费力，必须使用装在握把内的专用压弹器。

该系列冲锋枪采用相同的机械瞄准具。片状准星位于机匣前端，单觇孔照门表尺位于机匣后端。

机 枪
JIQIANG

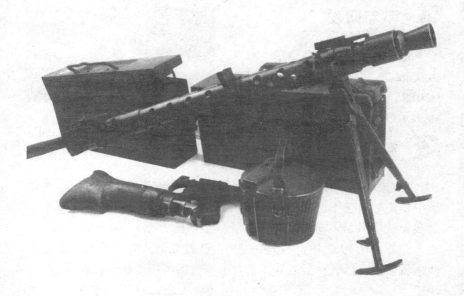

美国 M60 系列机枪

美国 M60 通用机枪是世界上最著名的通用机枪之一，据不完全统计，该枪至今为止已经生产了 2S 万多挺。该枪由美国斯普林菲尔德兵工厂研制，装备该枪的国家已有三十多个。

性能出众

M60 7.62 毫米通用机枪是第二次世界大战后美国制造的著名机枪，1958 年，美军将其作为制式武器装备。尽管出现了 M249 5.56 毫米机枪和 M240 7.62 毫米机枪，但 M60 自身优秀的性能和不断适应新战术环境的特点是很多机枪所无法相比的。现在许多国家将其列为军队的主要装备。

不断研发

M60 通用机枪装备以后，作了多次改进，主要出现了 M60E1、M60E2、M60C、M60D、M60E3、M60E4 等型号。

实战考验

我们经常在一些反映越战的影片中看到 M60 机枪的身影。在电影中，美军把它作为冲锋枪使用。而实际上在越战时期，美军士兵确实大量使用 M60 通用机枪，并凭其猛烈的火力来压制越军。

此外，在 1983 年，美国一支突击队曾凭借两挺 M60 机枪，对抗两栖装甲车，最后克敌制胜，营救出当时的英国总督斯库思。

美国加特林机枪

从火器被发明并应用于战场，人们便为提高其威力而努力。在前人的经验及新技术的基础上，加特林发明了一种转管机枪，它的出现是枪械史上的一次重要转折，对近现代枪械的发展有着深远影响。

加特林机枪是由美国人理查·乔登·加特林在 1860 年设计的手动型多管机关枪，是第一支实用化的机枪。加特林又译格林，所以这款枪又被称为格林机枪。

优越性能

该机枪的特点是由多根枪管圆形排列，依靠射手转动一个手柄，使枪管连续转动，完成连续不断的射击。19 世纪末期，它是欧洲各国的重要武器。改进后的加特林机枪射速最高达到每分钟 1 200 发，这在当时是个惊人的数字。加特林机枪的可靠性也十分出色，由于使用外部电源驱动枪管转动，并完成供弹、击发、抽壳等动作，因此不受枪弹发火性能的影响，少数哑弹对枪体没有任何影响，它可以不间断地持续射击，可靠性为 20 万发，最低寿命为 150 万发。而且它不比普通机枪重多少，只有 16 千克左右。加特林机枪在越战期间被用于提供地面猛烈的火力援助，被当时的美国官兵所称道，在后来许多的越战影片中都能见到它的身影。

美国 约翰逊 M1941/ 1944 式轻机枪

美国海军陆战队预备役上尉梅尔文·约翰逊发明的 M1944 式轻机枪由于自身的携而受到 FSSF 的亲来，它的改进型 M1944 式轻步枪在轻便的基础上进行多方改进，从而备受美国军方重视。

M1941 式轻机枪

第二次世界大战期间，美国海军陆战队决定采用约翰逊 M1941 轻机枪作为海军陆战队伞兵部队的制式兵器，并给予约翰逊半自动轻机枪 M1941 的制式型号。

约翰逊 M1941 轻机枪的质量较轻、枪管分解简单，分解后可用小包装运输，而且射击性能很好。因此，与海军陆战队一样执行空降等特种作战任务的美国陆军第一特种作战部（FSSF）特别重视该枪的便携性。

M1944 式轻机枪

M1944 式轻机枪是 M1941 式的改进型，它于 1944 年被美国陆军命名为约翰逊 M1944 式轻机枪。1944 年 3 月，未通过试验的 M1994 轻机枪改进后再次被送到阿伯丁试验场。改进后的轻机枪性能有所提高，在沙尘试验中，只要将沙尘洗净后涂油便仍可继续射击。在低温试验中，M1944 轻机枪在 –40℃的室内放置 17 小时后，仍可无故障射击 100 发枪弹。

美国 XM312 重机枪

美 国 XM312 重机枪是 XM307 的承包商以 XM307 为基础，通过更换枪管和其他几个部件研制出的一种新的 12.7 毫米口径机枪。XM312 主要用于取代在美军服役已久的勃朗宁 M2 重机枪，因此 XM312 的设计主要针对 M2 的缺点而作改进。

 开发优势

XM312 因其重量较轻又被称为"轻型重机枪"，XM312 的开发成本较低，因其与 XM307 的零部件大部分通用，只有 5 个不同部件，可以说是 XM307 的 12.7 毫米口径型，因此该枪所用的开发时间很短。

 结构特点

XM312 型重机枪采用导气式自动原理，开膛待击。该枪的散布精度比采用枪管短后坐原理的 M2HB 提高了 9 倍，该枪所采用的新技术和新材料使得枪体重量也比 M2HB 轻 66%，长度缩短 18%，后坐力更低。火控系统比 XM307 简单，不需要编程引信的设定装置，但瞄准所需时间比 M2HB 更短。XM312 型重机枪的射速也比较慢，并不适合对付快速移动的目标，其主要是用于对付地面目标。

美国 XM－214 型重机枪

美国 XM－214 型重机枪是一种小口径转管机枪，该枪采用六根 5.56 毫米枪管，其最高射速可达到 6000 发/分，但实际使用时的射速则为 400－4000 发/分。XM－214 型重机枪可配用 M122 三角架作为地面机枪，也可装到车载或船载射架上，此种组合称为 6－PAK。

自身优势

XM－214 的结构与 M134 十分相似，不过 XM－214 在 M134 的基础上进行了一些改进：分解过程简化，不用工具即可取出枪机；增加了保险手柄，此手柄可兼作输弹口盖卡柄，当置于"保险"位置时，枪无法射击；供弹机上增加了离合器装置，一旦松开电击发按钮，离合器立即使供弹机齿轮停止转动；另外该枪还增加了抛壳链轮。

XM－214 在 6－PAK 系统上，采用镍—镉电池作为电源，每次充电后可发射 3000 发枪弹。每组 6－PAK 系统的弹箱轨座上固定有两个弹箱。弹箱容弹量为 500 发，当第一个弹箱的枪弹打完之后，枪上有自动预告装置，以便射手及时更换第二个弹箱供弹。

缺陷尚存

XM－214 型重机枪的枪身极重，结构十分复杂，不适合步兵使用，并且它的最高射速对于步兵机枪来说也没多大用处。该枪的后坐力很大，在全速射击时后坐力可达到 110 千克，所以 XM－214 和 6－PAK－直没有批量生产和装备部队。

美国勃朗宁 M2HB 重机枪

勃朗宁 M2HB 重机枪是在第一次世界大战末开始研制的，1921 年正式定型。1933 年出现了该枪的重枪管型，即现在所见的 M2HB 重机枪。该枪现已逐步发展形成了包括坦克机枪、高射机枪、坦克并列机枪和航空机枪在内的 M2 系列。

适用弹种

M2HB 即 M2HB12.7 毫米重机枪，其中"HB"是"重型枪管"的英文缩写。该枪取消了原有的液压缓冲器，简化了枪体机构，将气冷式枪管的重量减为 13 千克，可发射的弹种有：12.7 × 99 毫米的普通弹、穿甲燃烧弹、穿甲弹、曳光弹、穿甲燃烧曳光弹、穿甲曳光弹、脱壳穿甲弹、训练弹，以及硬心穿甲弹等。枪体采用枪管短后坐式自动原理、横动式闭锁机构、击针式击发机构、双程进弹及可散弹链供弹。

赫赫战功

在美军的现役轻武器中，M2HB 重机枪可以称得上是"几朝元老"，它曾参加过第二次世界大战、越南战争、朝鲜战争、科索沃战争、海湾战争、阿富汗战争，以及伊拉克战争等等，并因显赫的战功而威名远扬。如今该枪已装备全世界五十多个国家。

美国马克沁重机枪

世界上第一支能够自动连续射击的机枪，其射速高达 600 发/分以上，马克沁重机枪首次应用于非洲罗得西亚英军与当地人的战斗中，就创下了辉煌的战绩，后来更在索姆河战役中扬名立万。

独具特色

马克沁重机枪与其他机枪不同的是，它只有一根枪管，而且不依靠任何外力推动，利用枪械发射时火药气体产生后坐力的原理，通过特殊的曲肘式闭锁机构以及枪管短后坐自

动方式，使机枪开锁、退弹壳、传送子弹、重新闭锁等一系列动作顺利完成。

扬名立万

马克沁重机枪自 1873 年问世以来，就显示出优良的性能和巨大的实战功效，该枪问世后的第一仗就声名远扬，然而真正让马克沁大出风头的还是第一次世界大战。在索姆河战役中，德军使用马克沁机枪仅一天时间就击败了约六万名英军，从而成为第一次世界大战中伤亡人数最多的一场战役。此后，各国军队都相继装备马克沁重机枪，而"马克沁"一词很容易就让人将其与杀人利器联系在一起，足以见其威力之大。

美国 MK19 式榴弹发射器

美国 MK19 式 40 毫米自动榴弹发射器是美国肯塔基州路易斯维尔的海军军械研究所从 1966 年 7 月开始研制的，并于 1967 年初研制成功。最初将其命名为 MK19－0 式 40 毫米榴弹发射器。

不断改进

1970 年—1971 年，美国海军推行生产改进计划，他们将改进后的产品命名为 MK19－1 式榴弹发射器，此次一共将六百多具 MK19－0 式改造成 MK19－1 式。1974 年，美国海军军械研究所为以色列生产了 605 具 MK19－1 式榴弹发射器。1976 年，美国海军军械研究所再次推行改进计划，目的是提高 MK19 式的可靠性与安全性，降低成本，简化维护工作。再次改进后的产品被命名为 MK19－3 式。与前两种型号产品相比，该型号产品的零部件大大减少，并且不必借助专用工具就可以对榴弹发射器进行拆卸。

性能构造

MK19－3 式 40 毫米榴弹发射器具有结构简单、安全可靠、适应性广等特点。该发射器的外形、结构与重机枪相似，所以又称其为榴弹机枪。MK19－3 式榴弹发射器采用气冷身管、枪机后坐式工作原理、前冲击发、弹链供弹。发射器由机匣组件、装有尾板的枪机、击发机构、机匣盖及供弹槽和推弹板五大部件组成。钢制发射管固定在钢制机匣的前端，两套发射机构（手动扳机、电磁击发装置）分别安装在机匣尾部及下方。

德国 MG34 式通用机枪

德国 MG34 式通用机枪是世界上第一款轻、重两用机枪，也是第一种大批量生产的现代通用机枪。MG34 式通用机枪曾大量作为德国军队地面使用的制式机枪，但现已撤装。

一枪多用

德国 HK 公司的 MG34 通用机枪改水冷为空气冷却，枪管装卸非常简便，用更换枪管的办法解决了因连续射击而发生的枪管过热的问题。这种枪的弹链及弹鼓均可供弹，而且既可做轻机枪（重 12 千克），又可做重机枪。如果在高射枪架上，还可当作高射机枪用，并且可以把这种枪安装在坦克和装甲车上。

实战使用

作为世界上第一种轻重两用的机枪，MG34 式机枪于 1934 年研制成功，并在第二次世界大战中表现良好，HK 公司在战后又研制出了多种两用机枪。

MG34 是第一种大量列装部队的现代通用机枪，是德军在第二次世界大战中广泛使用的步兵武器之一。

德国赫克勒 –
科赫 HK21 式机枪

科赫 HK21 式机枪是一种轻重两用型机枪，当使用三脚架时可作为重机枪使用。在美国，HK21 式机枪虽然不是制式装备，但也曾被一些特种部队少量试装备。

德国赫克勒 – 科赫 HK21 式机枪是赫克勒—科赫公司在 G3 式 7.62 毫米自动步枪的基础上研制出来的。两者的闭锁方式和工作原理相同，可以互换许多零部件。HK21 式机枪生产工艺性好，结构坚固，动作可靠，通用性强。

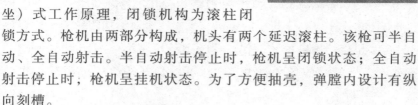

 结构设计

该枪采用半自由枪机（枪机延迟后坐）式工作原理，闭锁机构为滚柱闭锁方式。枪机由两部分构成，机头有两个延迟滚柱。该枪可半自动、全自动射击。半自动射击停止时，枪机呈闭锁状态；全自动射击停止时；枪机呈挂机状态。为了方便抽壳，弹膛内设计有纵向刻槽。

 常用弹链

HK21 式采用的弹链通常为可散弹链，如德国 DM60 式弹链、美国 M13 式弹链或法国弹链，必要时也可采用 DM1 式不散弹链，还可配用 G3 式步枪或 HK11 式轻机枪的弹匣。

德国 HK MG4 轻机枪

德 国 MG4 轻机枪原名为 MG43，在正式装备德国军队后改称为 MG4，以取代 MG3 轻机枪。该机枪的设计主旨是打造一款轻型、左右手皆可操作的轻机枪。MG4 轻机枪可通过导轨加装各种战术配件，配备三脚架后可提高射击精度。

结构特征

MG4 轻机枪与 FN 米尼米或 M249 相似，采用导气回转式枪机，枪托亦可折叠，但弹壳在机匣底部排出。MG4 轻机枪的导气装置位于枪管的下方，枪管可以快速拆卸和更换。MG4 轻机枪的供弹方式为弹链供弹，弹链可装在塑料弹箱中随枪携带，弹链从左向右送入机匣，而空弹壳则通过机匣底部的抛壳口抛出。

MCA 轻机枪只能进行全自动射击，发射 5.56×45 毫米子弹。该机枪的枪机很像 FG42 机枪的枪机，采用两个对称的闭锁突笋，但没有 FG42 机枪的枪机预转动作。开闭锁凸轮是类似 M16 那样分离的圆柱形，凸轮槽是二次曲面，这样可以弥补缺少枪机预转动作的缺点。

MG4 轻机枪配有可折叠的两脚架，并且枪身上有标准的 M2 式轻型三脚架和车载射架接口。其塑料枪托可向左折叠，且折叠后不影响机枪的操作。

德国 MG13 式轻机枪

德国 MG13 式轻机枪是由西蒙和祖尔公司在水冷式德莱赛 1918 式轻机枪的基础上改进而成的，改进后的机枪为气冷式，其外形和供弹系统发生了较大的变化，遂命名为 MG13 式机枪。该机枪的主要用途是杀伤敌方有生目标或为己方提供火力支援。

结构特点

MG13 式轻机枪采用枪管短后坐式工作原理和双臂杆式闭锁机构。枪机的加速机构为杠杆凸轮式，加速凸轮的回转轴在机匣上，而闭锁机构中双臂杆的回转轴则位于枪管节套上。MG13 式轻机枪采用机械瞄准具，并配有弧形表尺、折叠式片状准星和"U"形缺口式照门。其供弹具采用容弹量为 25 发的弧形弹匣，也可采用容弹量为 75 发的鞍形弹鼓。该枪发射德国毛瑟 98 式 7.92 毫米枪弹，弹壳为无底缘瓶颈式，可进行单、连发射击，并设有空仓挂机，当最后一发子弹射出后，枪机便停留在弹仓后方。MG13 式轻机枪的气冷式枪管的更换速度很快。

当新型 MG 式机枪出现后，MG13 式轻机枪被德国出售给西班牙和葡萄牙。西班牙保留了该枪原有的名称，而葡萄牙则将其改称为德莱赛 M1918 式 7.92 毫米轻机枪。

俄罗斯 RPK 型轻机枪

第二次世界大战后，美国与苏联开始了军备竞赛，在这样的社会环境中，苏联研制出一种以 AKM 为原型的轻机枪，该枪使得苏联在这场无声的战斗中获得了阶段性的胜利。这种机枪就是 RPK 型轻机枪。

RPK 型轻机枪是以 AKM 为基础发展出来的轻机枪。РПK 是俄语"卡拉什尼科夫轻机枪"的缩写，英文为 RPK（RuchnoiPulemet Kalashnikova）。

PPK 型轻机枪的诞生

苏联在 1949 年装备 AK－47 和 1959 年装备 AKM 突击步枪之后，东方阵营的轻武器研制水平便直接凌驾于西方之上。米哈伊尔－季莫费耶维奇·卡拉什尼科夫设计的 AK－47/AKM 突击步枪采用由耶里扎罗夫和瑟明研制的 M－43 式 7.62×39 毫米中间型枪弹，其突出特点是动作可靠，故障率小，能在各种恶劣的条件下使用，而且武器操作简便，连发时火力猛。卡拉什尼科夫在 AKM 突击步枪的基础上发展出的轻机枪便是后来享誉世界的 RPK 轻机枪的雏形。1959 年，苏联军队正式采用该枪，并将其定名为 RPK。

独具风格

RPK 轻机枪有许多设计特征要优于 AKM 突击步怆：枪管延长并增大枪口初速；增大弹匣容量以延长持续火力；配备有可折叠的两脚架以提高射击精度；瞄准具增加了风偏调整；枪托与捷格加廖夫 RPD 轻机枪的枪托相同，并为空降部队研制了折叠式木制枪托的 RPKS 轻机枪。

俄罗斯 DP 轻机枪

在1926 年，苏联工兵中将瓦西里·捷格加廖夫设计出一种结构独特的轻机枪，于 1927 年设计定型并开始制造，1928 正式装备军队，成为苏联在第二次世界大战中装备的主要轻机枪，军队称其为 DP 机枪，国际上一般称它为捷格加廖夫轻机枪。

结构特征

DP 轻机枪结构简单，整个机枪仅有 65 个零件，其制造工艺简单，适合大批量生产，而且机枪的机构动作可靠。DP 轻机枪全长 1 270 毫米，枪管长 605 毫米，枪管内有 4 条右旋膛线，火线高 276 毫米，全枪重 9.1 千克。该枪采用前冲击发模式的导气式工作原理，其闭锁机构为中间零件型闭锁卡铁撑开式，工作时由枪机框复进将左右两块卡铁撑开，锁住枪机。机枪采用弹盘供弹的供弹方式，弹盘由上下两盘合拢构成，上盘靠弹簧使其回转，不断将子弹送至进弹口，其弹盘可容弹 47 发，平放在枪身的上方。DP 轻机枪的发射机构只能进行连发射击，而且还需要经常性地进行手动保险。该枪瞄准具由柱形准星和"V"形缺口照门、弧形表尺组成。准星上下左右均能调整，且两侧有护翼，表尺也有护翼，该护翼可兼作弹盘卡笋的拉手。

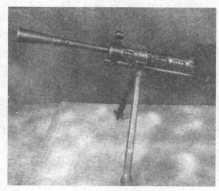

俄罗斯 NSV 型重机枪

苏 联开发的 NSV 重机枪是苏联 20 世纪 60 年代研制而成的，其优越的整体性能和多处的创新结构可与西方国家广泛使用的勃朗宁 M2 重机枪相抗衡。该枪采用导气式自动原理和独特的枪机偏移式闭锁机构。目前，该枪的整体性能仍是同类枪中最好的。

独特设计

大多数机枪的闭锁方式都是通过枪机前端、后端偏转与机匣闭锁，即枪机偏转闭锁方式。而 NSV 重机枪则采用了独有的侧向偏移式闭锁方式。怆机设计迥然不同，枪机的前、后端不是左右偏转，而是整体平行移动闭锁。这种闭锁方式可以使枪机体大大缩短。虽然枪机短而轻，但 NSV 的设计中增大了机框的重量，从而确保射击时枪体的平衡。

NSV 重机枪的活塞与活塞筒的设置与众不同。NSV 在机框前端设置活塞筒，导气箍后面设置活塞。活塞尾部装设调节器，可对进入导气装置的火药燃气量进行适当调节。抛壳装置也有独到之处。NSV 没有传统的抛壳挺，而由抽壳钩将发射后的弹壳从枪膛拉出。由于机匣上无抛壳孔，因此具有火药燃气后泄少的优点。

俄罗斯 DShK 重机枪

俄罗斯 DShK 重机枪即 DShK1938 重机枪，是苏联在 1938 年第二次世界大战期间装备的重型防空机枪。在 1938 年，由著名的苏联轻武器设计师斯帕金设计，在 1939 年 12 月该机枪被苏联军队正式采用，并重新命名为"DShK 重机枪"，即"捷格加廖夫－斯帕金大口径机枪"。二战期间 DShK 重机枪广泛应用于防空防御和步兵火力支持。

由于转鼓式弹链供弹机结构复杂、故障率高，所以战后苏联对 DShK 重机枪进行了改进，改进后的新机枪于 1946 年正式被采用并重新命名为"DShKM 重机枪"。

结构设计

DShK 重机枪是一种弹链式供弹、导气式操作原理、可全自动射击的武器系统。该枪采用开膛待击方式，闭锁机构为枪机偏转式，依靠枪机框上的闭锁斜面，使枪机的尾部下降，从而完成闭锁动作。

DShK 机枪使用重型枪管，枪管前方为大型制退器，中部有散热环，用以增强冷却能力，枪管后下方有用于与活塞套筒相结合的结合槽。枪管内有 8 条右旋膛线。导气箍上为气体调节器，可调节作用于活塞上的气体，以保证复进机的后坐速度稳定。枪管前部为带护翼的柱形准星，机匣后上方为框架形立式照门，机匣后壁上安装了把手和扳机。

该枪使用不可散弹链，受弹机外形类似于一个圆鼓，有一个带轴和制逆轮的拨弹轮。

英国布伦式轻机枪

随着战争的不断升级，为满足战场的需求，英国研制出布伦式轻机枪。布伦式轻机枪更因其合理的结构、优越的性能和较高的作战效能在第二次世界大战中大放异彩。

布伦式轻机枪是在捷克斯洛伐克设计的 ZB26 轻机枪的基础上根据英国军方的要求改进而来。1935 年英国正式将该枪列装为制式装备，并从捷克斯洛伐克购买了该枪的生产权，由恩菲尔德兵工厂制造，1938 年投产，并正式命名为 MKI 7.7 毫米布伦式轻机枪。

二战名枪

布伦式轻机枪也称布朗式轻机枪，是第二次世界大战中英联邦国家军队的主要武器。布伦式轻机枪经过严格的测试，表现出了良好的适应能力，使用范围更加广泛，在进攻和防御中都表现出色，实战证明它是最好的轻机枪之一。它和美国的勃朗宁自动步枪一样，能够提供攻击和火力支援。

枪体特点

布伦式轻机枪同 ZB26 轻机枪一样采用导气式工作原理，枪机尾端上抬卡入机匣的闭锁槽实现闭锁。布伦式轻机枪枪管口径改为 7.7 毫米，发射英国军队的 7.7×56 毫米标准步枪弹，以 30 发容量的弹匣供弹，位于机匣的上方，从下方抛壳，该枪带护翼的准星和觇孔式照门都偏出枪身左侧安装。枪管口装有喇叭状消焰器。该枪缩短了枪管与导气管的距离，取消了枪管散热片，这些是与 ZB26 轻机枪明显的区别。